Samaneh Pishdad

# Cukrzyca

Samaneh Pishdad

# Cukrzyca

## T1DM, T2DM, Cukrzyca ciążowa (GDM), A1C Hb, Odżywianie u diabetyków

Wydawnictwo Bezkresy Wiedzy

**Imprint**


Cover image: www.ingimage.com

Publisher:
Wydawnictwo Bezkresy Wiedzy
is a trademark of
International Book Market Service Ltd., member of OmniScriptum Publishing Group
17 Meldrum Street, Beau Bassin 71504, Mauritius

Printed at: see last page
**ISBN: 978-620-0-54549-7**

Drogi czytelniku,

książka, którą posiadasz, została pierwotnie wydana pod tytułem "Diabetes", ISBN 978-620-0-21319-8.

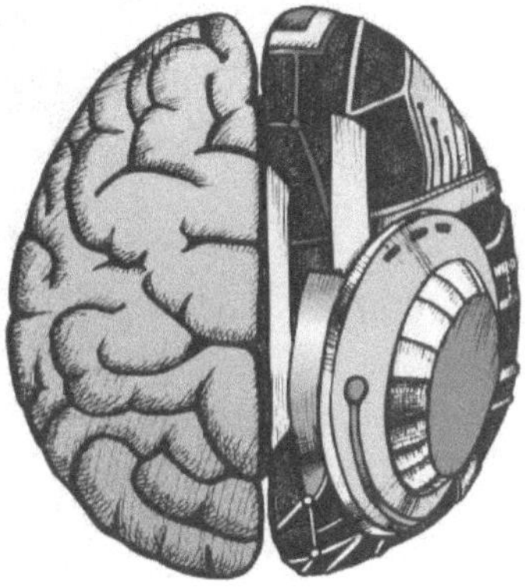

Jego publikacja w języku polskim jest możliwa dzięki zastosowaniu najbardziej zaawansowanej sztucznej inteligencji dla języków.

Technologia ta, uhonorowana pierwszą w historii Honorową Nagrodą Sztucznej Inteligencji w Berlinie we wrześniu 2019 r., naśladuje sposób działania ludzkiego mózgu, dzięki czemu jest w stanie uchwycić i przetłumaczyć nawet najmniejsze niuanse w bezprecedensowy sposób.

Mamy nadzieję, że znajdą Państwo wiele satysfakcji z tej książki i uprzejmie prosimy o uwzględnienie wszelkich rozbieżności językowych, które mogłyby wyniknąć z tego procesu.

Miłego czytania!

Wydawnictwo Bezkresy Wiedzy

# Cukrzyca

**Samaneh Pishdad**

**Profesor nauk o żywieniu na uniwersytecie**

**2019**

**Przedmowa pisarza:**

Ze względu na znaczenie chorób przewlekłych, takich jak cukrzyca, postanowiłem napisać książkę na ten temat, mam nadzieję, że książka ta zostanie wykorzystana przez was, drodzy. Jeśli masz sugestię, możesz wysłać do mnie e-mail na adres podany poniżej lub Zarejestruj się na mojej stronie Instagram.

Email: Samanehpishdad@yahoo.com

Instagram : @drpishdad_diet lub @S.nutritionist

Cukrzyca jest terminem określającym zespół warunków, w których organizm nie jest w stanie produkować żadnej lub wystarczająco skutecznej insuliny. To jest hormon potrzebny dla glukozy wchodzić do komórek zamieniać energię.Glukoza jest paliwem który potrzebuje twój ciało. W twojej diecie pochodzi ona z takich produktów jak owoce, mleko, niektóre warzywa, żywność skrobiowa i cukier. Aby pomóc kontrolować poziom glukozy we krwi, trzeba jeść zdrową żywność i być aktywnym. Może być również konieczne zażywanie pigułek i/lub insuliny.

Istnieją dwa główne rodzaje cukrzycy typu 1: Powszechnie diagnozowana u dzieci i młodzieży, występuje ona wtedy, gdy trzustka nie jest w stanie produkować insuliny.Typ 2: Zwykle rozwijana w wieku dorosłym, występuje ona wtedy, gdy trzustka nie produkuje wystarczającej ilości insuliny i gdy organizm nie wykorzystuje skutecznie produkowanej insuliny.

Odżywianie i aktywność fizyczna są ważnymi elementami zdrowego stylu życia, gdy masz cukrzycę. Wraz z innymi korzyściami, przestrzeganie planu zdrowego posiłku i aktywność zawodowa mogą pomóc utrzymać poziom glukozy we krwi, zwany również cukrem we krwi, w docelowym zakresie. Aby zarządzać poziomem glukozy we krwi, należy zbilansować to, co jesz i pijesz, z aktywnością fizyczną i lekami na cukrzycę, jeśli je zażywasz. To, co wybierasz do jedzenia, ile jesz i kiedy jesz, jest ważne dla utrzymania poziomu glukozy we krwi w zakresie zalecanym przez zespół opieki zdrowotnej.

Bycie bardziej aktywnym i wprowadzanie zmian w tym, co jesz i pijesz, może na początku wydawać się trudne. Być może łatwiej będzie Ci zacząć od drobnych zmian i uzyskać pomoc od rodziny, przyjaciół i zespołu opieki zdrowotnej.

Dobre odżywianie się i aktywność fizyczna przez większość dni w tygodniu może pomóc.

- Utrzymuj poziom glukozy we krwi, ciśnienie i cholesterol w docelowych przedziałach.
- stracić na wadze lub utrzymać zdrową wagę[1]
- zapobieganie lub opóźnianie problemów z cukrzycą

1. Status wagi, często oparty na wskaźniku masy ciała (BMI), który mieści się w normalnym lub zdrowym zakresie. Zdrowa waga ciała może zmniejszyć Twoje szanse na rozwój problemów zdrowotnych, takich jak cukrzyca typu 2 i choroby serca.

**Problemy z cukrzycą:**

- ✓ Choroba serca i udar mózgu
  Cukrzyca może uszkodzić naczynia krwionośne i prowadzić do chorób serca i udaru mózgu. Wiele można zrobić, aby zapobiec chorobom serca i wylewowi, zarządzając poziomem glukozy we krwi, ciśnienia krwi i cholesterolu, a także nie paląc.

- ✓ Glukoza o niskiej zawartości krwi (Hipoglikemia)
  Hipoglikemia występuje, gdy poziom glukozy we krwi spada zbyt nisko. Niektóre leki na cukrzycę zwiększają prawdopodobieństwo wystąpienia niskiego poziomu glukozy we krwi. Można zapobiegać hipoglikemii poprzez przestrzeganie planu posiłków i równoważenie aktywności fizycznej, żywności i leków. Regularne testowanie poziomu glukozy we krwi może również pomóc w zapobieganiu hipoglikemii.

- ✓ Uszkodzenie nerwów (Neuropatia cukrzycowa)

  Neuropatia cukrzycowa jest uszkodzeniem nerwów, które może wynikać z cukrzycy. Różne rodzaje uszkodzeń nerwów wpływają na różne części ciała. Zarządzanie cukrzycą może pomóc w zapobieganiu uszkodzeniom nerwów, które mają wpływ na stopy i kończyny oraz organy takie jak serce.

- ✓ Choroba nerek

  Cukrzycowa choroba nerek, zwana również nefropatią cukrzycową, jest chorobą nerek wywoływaną przez cukrzycę. Możesz pomóc chronić swoje nerki, radząc sobie z cukrzycą i osiągając swoje cele w zakresie ciśnienia krwi.

- ✓ Problemy ze stopami

  Cukrzyca może powodować uszkodzenia nerwów i słaby przepływ krwi, co może prowadzić do poważnych problemów ze stopami. Częste problemy ze stopami, takie jak nagniotki, mogą prowadzić do bólu lub infekcji, która utrudnia chodzenie. Zróbcie badanie stopy przy każdej wizycie z zespołem opieki zdrowotnej.

- ✓ Choroba oczu (Eye Disease)

Cukrzyca może uszkodzić oczy i prowadzić do słabego widzenia i ślepoty. Najlepszym sposobem na zapobieganie chorobom oczu jest kontrolowanie poziomu glukozy we krwi, ciśnienia krwi i cholesterolu oraz niepalenie tytoniu. Ponadto, przynajmniej raz w roku należy przeprowadzić rozszerzone badanie wzroku.

✓ Choroby dziąseł i inne problemy z zębami

Cukrzyca może prowadzić do problemów w jamie ustnej, takich jak infekcje, choroby dziąseł lub suchość w jamie ustnej. Aby utrzymać jamę ustną w zdrowiu, kontroluj poziom glukozy we krwi, myj zęby dwa razy dziennie, spotykaj się z dentystą przynajmniej raz w roku i nie pal.

✓ Problemy seksualne i pęcherzowe

Problemy seksualne i problemy z pęcherzem są bardziej powszechne u osób z cukrzycą. Problemy takie jak zaburzenia erekcji, utrata zainteresowania seksem, wyciek z pęcherza i zatrzymany mocz mogą wystąpić, jeśli cukrzyca uszkodzi twoje naczynia krwionośne i nerwy. Dostępne są zabiegi, które pomagają kontrolować objawy i przywrócić intymność.

- czuć się dobrze i mieć więcej energii

Co mogę jeść, jeśli mam cukrzycę?

Możesz się martwić, że posiadanie cukrzycy oznacza wyjście bez jedzenia, które lubisz. Dobrą wiadomością jest to, że można nadal jeść swoje ulubione potrawy, ale może być konieczne, aby jeść mniejsze porcje lub cieszyć się nimi rzadziej. Twój zespół opieki zdrowotnej pomoże Ci stworzyć plan posiłków dla chorych na cukrzycę, który będzie odpowiadał Twoim potrzebom i upodobaniom.

Kluczem do jedzenia z cukrzycą jest spożywanie różnych zdrowych pokarmów ze wszystkich grup żywieniowych, w ilościach, które określa plan posiłków.

Grupy żywnościowe to

- Warzywa
  - nonstarchy: obejmuje brokuły, marchew, zieleninę, paprykę i pomidory
  - skrobia: obejmuje ziemniaki, kukurydzę i zielony groszek

- owoce - w tym pomarańcze, melony, jagody, jabłka, banany i winogrona
- Ziarna - przynajmniej połowa ziaren w ciągu dnia powinna być ziarnami pełnymi.[2]
    - obejmuje pszenicę, ryż, owies, mączkę kukurydzianą, jęczmień i komosa ryżowa
    - przykłady: chleb, makaron, zboże i tortille
- białko
    - chude mięso
    - kurczaka lub indyka bez skóry
    - ryba
    - Jaja
    - orzechy i orzeszki ziemne
    - suszona fasola i niektóre rodzaje grochu, takie jak ciecierzyca i groch dzielony
    - substytuty mięsa, takie jak tofu
- mleczno-niskotłuszczowe lub niskotłuszczowe
    - mleko lub mleko bez laktozy w przypadku nietolerancji laktozy
    - jogurt
    - Ser

Dowiedz się więcej o grupach żywnościowych na stronie ChooseMyPlate.gov amerykańskiego[3] departamentu rolnictwa (USDA) .

Jeść żywność z tłuszczami zdrowymi dla serca, które pochodzą głównie z tych produktów:

- oleje, które są płynne w temperaturze pokojowej, takie jak canola i oliwa z oliwek
- orzechy i nasiona
- zdrowe serca ryb, takich jak łosoś, tuńczyk i makrela
- Awokado

Do gotowania potraw używać olejów zamiast masła, śmietany, skracania, smalcu lub margaryny.

Wybieraj zdrowe tłuszcze, np. z orzechów, nasion i oliwy z oliwek.

Jakie jedzenie i napoje powinienem ograniczyć, jeśli mam cukrzycę?

---

Ziarna i produkty zbożowe wykonane z całego ziarna, zwykle nazywane jądrem. Całe ziarno składa się z [2]. otrębów, bielma i/lub zarodków. Jeśli jądro zostało popękane, zmiażdżone lub łuskane, musi ono zachować tę samą proporcję otrębów, bielma i zarodków, co oryginalne ziarno, aby można je było nazwać pełnym ziarnem. Większość całych ziaren jest źródłem błonnika pokarmowego.

[3] https://www.choosemyplate.gov/

Żywność i napoje do ograniczenia obejmują

- żywność smażona i inne środki spożywcze o wysokiej zawartości tłuszczów nasyconych[4] i tłuszczów trans[5]
- żywność o wysokiej zawartości soli, zwana również sodem
- słodycze, takie jak wypieki, słodycze i lody
- napoje z dodatkiem cukru,[6]takie jak sok, zwykła soda oraz zwykłe napoje sportowe lub energetyczne

Pijcie wodę zamiast słodzonych napojów. Rozważ zastosowanie substytutu cukru w kawie lub herbacie.

Jeśli pijesz alkohol, pij umiarkowanie - nie więcej niż jeden drink dziennie, jeśli jesteś kobietą lub dwa drinki dziennie, jeśli jesteś mężczyzną. Jeśli używasz insuliny lub leków na cukrzycę, które zwiększają ilość wytwarzanej przez organizm insuliny, alkohol może spowodować zbyt niski poziom glukozy we krwi. Jest to szczególnie prawdziwe, jeśli od jakiegoś czasu nie jadłeś. Najlepiej zjeść trochę jedzenia, kiedy pijesz alkohol.

Kiedy powinienem jeść, jeśli mam cukrzycę?

Niektóre osoby z cukrzycą muszą codziennie jeść o mniej więcej tej samej porze. Inni mogą być bardziej elastyczni w kwestii czasu posiłków. W zależności od leków przeciwcukrzycowych lub rodzaju insuliny może być konieczne spożywanie tej samej ilości węglowodanów o tej samej porze każdego dnia. Jeśli weźmiesz insulinę "na posiłek", twój harmonogram jedzenia może być bardziej elastyczny.

W przypadku stosowania niektórych leków przeciwcukrzycowych lub insuliny i pominięcia lub opóźnienia posiłku, poziom glukozy we krwi może spaść zbyt

[4] Rodzaj tłuszczu występującego w żywności, takiej jak mięso, skóra drobiowa, masło oraz niektóre rodzaje mleka i produktów mlecznych. Jedzenie zbyt dużej ilości tłuszczów nasyconych może zwiększyć szansę na rozwój chorób serca.

[5] Rodzaj tłuszczu w diecie, który zwiększa ryzyko wystąpienia chorób serca. Tłuszcz trans jest wytwarzany, gdy oleje płynne zamieniają się w substancje stałe w procesie zwanym uwodornieniem. Do żywności z tłuszczem trans należą te, które na etykiecie wymieniają tłuszcz uwodorniony lub częściowo uwodorniony, takie jak krakersy, przekąski, pieczywo produkowane w handlu oraz niektóre margaryny w postaci kija.

[6] Cukry, syropy i inne kaloryczne substancje słodzące, które są dodawane do przetworzonej lub gotowej żywności. Dodane cukry nie obejmują cukrów, które występują naturalnie, na przykład fruktoza w owocach lub laktoza w mleku. Nazwy dodanych cukrów obejmują cukier brązowy, cukier trzcinowy, cukier kukurydziany, słodzik kukurydziany, syrop kukurydziany, dekstrozę, fruktozę (jeżeli nie występuje naturalnie), koncentraty soku owocowego, glukozę, wysokofruktozowy syrop kukurydziany, miód, cukier inwertowany, laktozę (jeżeli nie występuje w mleku lub produktach mlecznych), maltozę, syrop słodowy, melasę, cukier surowy, sacharozę i cukier turbinado.

nisko. Zapytaj swój zespół opieki zdrowotnej, kiedy powinieneś jeść i czy powinieneś jeść przed i po wysiłku fizycznym.

Ile mogę zjeść, jeśli mam cukrzycę?

Jedzenie odpowiedniej ilości pokarmu pomoże Ci również w kontrolowaniu poziomu glukozy we krwi i wagi. Twój zespół opieki zdrowotnej może pomóc Ci dowiedzieć się, ile jedzenia i ile kalorii powinieneś jeść każdego dnia.

**Planowanie utraty wagi**

Jeśli masz nadwagę[7] lub otyłość[8], współpracuj ze swoim zespołem opieki zdrowotnej, aby stworzyć plan odchudzania.

Body Weight Planner pomoże Ci dostosować kalorie i plany aktywności fizycznej, aby osiągnąć i utrzymać Twoją docelową wagę.

Aby schudnąć, trzeba jeść mniej kalorii i zastąpić mniej zdrowej żywności z żywności mniej kalorii, tłuszczu i cukru.

Jeśli masz cukrzycę, masz nadwagę lub otyłość i planujesz urodzić dziecko, powinieneś spróbować zrzucić nadmiar wagi zanim zajdziesz w ciążę. Dowiedz się więcej o planowaniu ciąży, jeśli masz cukrzycę.

**Metody planowania posiłków**

Dwa wspólne sposoby, aby pomóc Ci zaplanować, ile jeść, jeśli masz cukrzycę są metoda talerza i liczenia węglowodanów, zwany również liczeniem węglowodanów. Skontaktuj się z zespołem opieki zdrowotnej, aby dowiedzieć się, jaka metoda jest dla Ciebie najlepsza.

**Metoda płytowa**

Metoda talerzykowa pomaga kontrolować wielkość porcji. Nie musisz liczyć kalorii. Metoda talerzykowa pokazuje ilość każdej grupy żywności, którą należy zjeść. Ta metoda sprawdza się najlepiej na lunch i kolację.

---

[7] Nadmiar masy ciała. Osoba dorosła, której wskaźnik masy ciała (BMI) wynosi od 25 do 29,9 jest uważana za osobę z nadwagą. BMI to stosunek masy ciała do wzrostu.

[8] Nadmiar tkanki tłuszczowej. Osoba dorosła, której wskaźnik masy ciała (BMI) wynosi 30 lub więcej, jest uważana za otyłą. BMI to stosunek masy ciała do wzrostu.

Użyj 9-calowej płytki. Połóż warzywa nieskrobiowe na połowie talerza; mięso lub inne białko na jednej czwartej talerza; a zboże lub inną skrobię na ostatniej jednej czwartej. Skrobie obejmują warzywa skrobiowe, takie jak kukurydza i groszek. Można również zjeść małą miseczkę owoców lub kawałek owocu i wypić małą szklankę mleka zgodnie z planem posiłku.

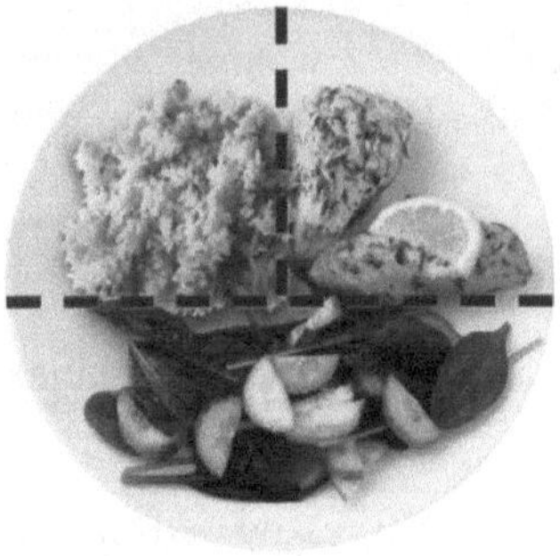

W American Diabetes Association's Create Your Plate[9] można znaleźć wiele różnych kombinacji jedzenia i więcej szczegółów na temat używania metody talerza.

Plan dziennych posiłków może obejmować również drobne przekąski między posiłkami.

**Rozmiary porcji**

- Możesz użyć przedmiotów codziennego użytku lub ręki do oceny wielkości porcji.
- 1 porcja mięsa lub drobiu to dłoń ręki lub talia kart
- 1 3-daniowa porcja ryb to książeczka czekowa
- 1 porcja sera to sześć kostek
- 1/2 filiżanki gotowanego ryżu lub makaronu to zaokrąglona garść lub piłka tenisowa
- 1 porcja naleśnika lub wafla to płyta DVD
- 2 łyżki stołowe masła orzechowego to piłeczka pingpongowa

**Liczenie węglowodanów**

Liczenie węglowodanów polega na śledzeniu ilości węglowodanów, które spożywasz i pijesz każdego dnia. Ponieważ węglowodany zamieniają się w glukozę w twoim organizmie, wpływają one na poziom glukozy we krwi bardziej niż inne produkty spożywcze. Liczenie węgla może pomóc w zarządzaniu

[9] http://www.diabetes.org/food-and-fitness/food/planning-meals/create-your-plate/

poziomem glukozy we krwi. Jeśli weźmiesz insulinę, policzenie ilości węglowodanów pomoże Ci dowiedzieć się, ile insuliny należy zażyć.

Odpowiednia ilość węglowodanów zależy od tego, jak radzisz sobie z cukrzycą, w tym jak bardzo jesteś aktywny fizycznie i jakie leki przyjmujesz, jeśli w ogóle. Twój zespół opieki zdrowotnej może pomóc Ci stworzyć osobisty plan żywienia oparty na liczeniu węglowodanów.

Ilość węglowodanów w żywności jest mierzona w gramach. Aby policzyć gramy węglowodanów w tym, co jesz, będziesz musiał

- dowiedzieć się, które potrawy mają węglowodany
- przeczytać etykietę Nutrition Facts lub nauczyć się szacować ilość gramów węglowodanów w spożywanej żywności
- dodaj gramy węglowodanów z każdego posiłku, który jesz, aby uzyskać całkowitą ilość na każdy posiłek i na każdy dzień.

Większość węglowodanów pochodzi ze skrobi, owoców, mleka i słodyczy. Postaraj się ograniczyć ilość węglowodanów z dodatkiem cukrów lub tych z drobnymi ziarnami, takimi jak biały chleb i biały ryż. Zamiast tego należy jeść węglowodany z owoców, warzyw, całych ziaren, fasoli i mleka niskotłuszczowego lub beztłuszczowego.

Oprócz stosowania metody talerzowej i liczenia węglików, możesz odwiedzić zarejestrowanego dietetyka (RD) w celu skorzystania z medycznej terapii żywieniowej.

## Liczenie węglowodanów i cukrzyca

### Co to jest liczenie węglowodanów?

Liczenie węglowodanów, zwane również liczeniem węglowodanów, jest narzędziem planowania posiłków dla osób z cukrzycą typu 1 lub typu 2. Liczenie węglowodanów polega na śledzeniu ilości węglowodanów w żywności, którą spożywasz każdego dnia.

Węglowodany są jednym z głównych składników odżywczych występujących w żywności i napojach. Białko i tłuszcz to inne główne składniki odżywcze. Węglowodany zawierają cukry, skrobię i błonnik. Liczenie węglowodanów może pomóc kontrolować poziom glukozy we krwi, zwanej również cukrem we krwi, ponieważ węglowodany wpływają na poziom glukozy we krwi bardziej niż inne składniki odżywcze.

Zdrowe węglowodany, takie jak całe ziarna, owoce i warzywa, są ważną częścią planu zdrowego odżywiania, ponieważ mogą one dostarczać zarówno energię, jak i składniki odżywcze, takie jak witaminy i minerały oraz błonnik. Włókno może pomóc w zapobieganiu zaparciom, obniżeniu poziomu cholesterolu i kontroli wagi.

Niezdrowe węglowodany to często żywność i napoje z dodatkiem cukrów. Chociaż niezdrowe węglowodany mogą również dostarczać energii, to jednak mają niewiele lub nie mają żadnych składników odżywczych. Więcej informacji na temat tego, które węglowodany dostarczają składników odżywczych dla dobrego stanu zdrowia, a które nie, znajduje się w temacie NIDDK Health, Diabetes Diet, Eating, & Physical Activity.

Ilość węglowodanów w żywności jest mierzona w gramach. Aby policzyć gramy węglowodanów w jedzeniu, które jesz, będziesz musiał

- wiedzieć, które produkty zawierają węglowodany
- nauczyć się szacować ilość gramów węglowodanów w żywności, którą spożywasz
- zsumuj ilość gramów węglowodanów z każdego posiłku, który jesz, aby otrzymać sumę na cały dzień.

Lekarz może skierować Cię do dietetyka lub edukatora diabetologicznego, który pomoże Ci opracować plan zdrowego odżywiania oparty na liczeniu węglowodanów.

### Jaka żywność zawiera węglowodany?

Żywność zawierająca węglowodany obejmuje

- ziarna, takie jak chleb, kluski, makaron, krakersy, zboża i ryż
- owoce, takie jak jabłka, banany, jagody, mango, melony i pomarańcze
- produkty mleczne, takie jak mleko i jogurt
- roślin strączkowych, w tym suszonej fasoli, soczewicy i grochu
- przekąski i słodycze, takie jak ciasta, ciasteczka, cukierki i inne desery
- soki, napoje bezalkoholowe, napoje owocowe, napoje sportowe i energetyczne zawierające cukry
- warzywa, zwłaszcza warzywa "skrobiowe", takie jak ziemniaki, kukurydza i groch

Ziemniaki, groszek i kukurydza są nazywane warzywami skrobiowymi, ponieważ mają wysoką zawartość skrobi. Warzywa te mają więcej węglowodanów w jednej porcji niż warzywa nieskrobiowe.

Przykładami warzyw nieskrobiowych są szparagi, brokuły, marchew, seler naciowy, zielona fasola, sałata i inne warzywa sałatowe, papryka, szpinak, pomidory i cukinia.

Żywność niezawierająca węglowodanów obejmuje mięso, ryby i drób; większość rodzajów sera, orzechy oraz oleje i inne tłuszcze.

Do żywności zawierającej węglowodany należą ziarna, owoce, produkty mleczne, warzywa i rośliny strączkowe.

**Co się dzieje, gdy jem żywność zawierającą węglowodany?**

Kiedy spożywasz żywność zawierającą węglowodany, twój układ pokarmowy rozkłada cukry i skrobię na glukozę. Glukoza jest jedną z najprostszych form cukru. Glukoza następnie dostaje się do krwiobiegu z przewodu pokarmowego i podnosi poziom glukozy we krwi. Hormonalna insulina, która pochodzi z trzustki lub ze strzałów insuliny, pomaga komórkom w całym organizmie wchłaniać glukozę i używać ją dla energii. Kiedy glukoza wydostaje się z krwi do komórek, poziom glukozy we krwi spada.

## Jak może mi pomóc liczenie węglowodanów?

Liczenie węglowodanów może pomóc utrzymać poziom glukozy we krwi na poziomie zbliżonym do normalnego. Utrzymywanie poziomu glukozy we krwi na poziomie jak najbardziej zbliżonym do normalnego może pomóc

- pozostać zdrowy dłużej
- zapobieganie lub opóźnianie problemów związanych z cukrzycą, takich jak choroby nerek, ślepota, uszkodzenia nerwów i choroby naczyń krwionośnych, które mogą prowadzić do zawałów serca, udarów i amputacji - operacja usunięcia części ciała
- poczuć się lepiej i bardziej energicznie

W celu kontrolowania poziomu glukozy we krwi może być również konieczne przyjmowanie leków przeciwcukrzycowych lub stosowanie zastrzyków insulinowych. Porozmawiaj z lekarzem o docelowych poziomach glukozy we krwi. Cele to liczby, do których się dąży. Aby osiągnąć założone cele, trzeba będzie zrównoważyć spożycie węglowodanów z aktywnością fizyczną i lekami przeciwcukrzycowymi lub zastrzykami insuliny.

## Ile węglowodanów potrzebuję każdego dnia?

Dzienna ilość węglowodanów, białka i tłuszczu dla osób z cukrzycą nie została określona - co jest najlepsze dla jednej osoby może nie być najlepsze dla drugiej. Każdy musi otrzymać wystarczającą ilość węglowodanów, aby zaspokoić zapotrzebowanie organizmu na energię, witaminy i minerały oraz błonnik.

Eksperci sugerują, że spożycie węglowodanów dla większości ludzi powinno wynosić od 45 do 65 procent całkowitej ilości kalorii. Osoby stosujące diety niskokaloryczne oraz osoby nieaktywne fizycznie mogą chcieć dążyć do osiągnięcia dolnej granicy tego zakresu.

Jeden gram węglowodanów dostarcza około 4 kalorii, więc trzeba będzie podzielić liczbę kalorii, które chcesz uzyskać z węglowodanów przez 4, aby uzyskać liczbę gramów. Na przykład, jeśli chcesz zjeść 1800 kalorii dziennie i uzyskać 45 procent swoich kalorii z węglowodanów, będzie dążyć do około 200 gramów węglowodanów dziennie. Obliczyłbyś tę kwotę w następujący sposób:

- .45 x 1.800 kalorii = 810 kalorii
- 810 ÷ 4 = 202,5 grama węglowodanów

Będziesz musiał rozłożyć spożycie węglowodanów na cały dzień. Dietetyk lub edukator diabetologiczny może pomóc Ci dowiedzieć się, co i kiedy należy jeść w zależności od wagi, poziomu aktywności, leków i docelowych poziomów glukozy we krwi.

**Jak mogę dowiedzieć się, ile węglowodanów znajduje się w żywności, którą jem?**

Będziesz musiał nauczyć się szacować ilość węglowodanów w żywności, którą zwykle spożywasz. Na przykład, następujące ilości żywności bogatej w węglowodany zawierają około 15 gramów węglowodanów:

- jedna kromka chleba
- jedna 6-calowa tortilla
- 1/3 filiżanki makaronu
- 1/3 filiżanki ryżu
- 1/2 filiżanki konserwy lub świeżego owocu lub soku owocowego, lub jeden mały kawałek świeżego owocu, np. małe jabłko lub pomarańcza
- 1/2 filiżanki fasoli pinto
- 1/2 filiżanki warzyw skrobiowych, takich jak puree ziemniaczane, gotowana kukurydza, groszek lub fasola lima
- 3/4 filiżanki suchego zboża lub 1/2 filiżanki gotowanego zboża
- 1 łyżka stołowa galaretki

Niektóre produkty spożywcze są tak ubogie w węglowodany, że nie trzeba ich liczyć, chyba że spożywa się duże ilości. Na przykład, większość warzyw nie skrobiowych ma niską zawartość węglowodanów. Podanie w 1/2 kubka gotowanych warzyw nieskrobiowych lub filiżanki surowych warzyw ma tylko około 5 gramów węglowodanów.

W miarę poznawania, które pokarmy zawierają węglowodany i ile gramów węglowodanów znajduje się w spożywanej przez Ciebie żywności, liczenie węglowodanów będzie łatwiejsze.

## Etykiety żywieniowe

Możesz dowiedzieć się, ile gramów węglowodanów znajduje się w żywności, którą jesz, sprawdzając etykiety żywieniowe na opakowaniach produktów spożywczych. Poniżej znajduje się przykładowa etykieta żywieniowa:

Sample label for macaroni & cheese

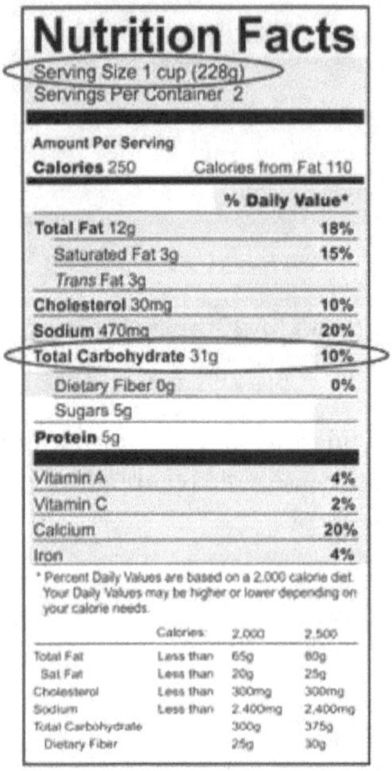

**Nutrition Facts**

Serving Size 1 cup (228g)
Servings Per Container 2

**Amount Per Serving**

| | |
|---|---|
| **Calories** 250 | Calories from Fat 110 |
| | **% Daily Value*** |
| **Total Fat** 12g | **18%** |
| Saturated Fat 3g | **15%** |
| *Trans* Fat 3g | |
| **Cholesterol** 30mg | **10%** |
| **Sodium** 470mg | **20%** |
| **Total Carbohydrate** 31g | **10%** |
| Dietary Fiber 0g | **0%** |
| Sugars 5g | |
| **Protein** 5g | |
| Vitamin A | **4%** |
| Vitamin C | **2%** |
| Calcium | **20%** |
| Iron | **4%** |

* Percent Daily Values are based on a 2,000 calorie diet. Your Daily Values may be higher or lower depending on your calorie needs.

| | Calories: | 2,000 | 2,500 |
|---|---|---|---|
| Total Fat | Less than | 65g | 80g |
| Sat Fat | Less than | 20g | 25g |
| Cholesterol | Less than | 300mg | 300mg |
| Sodium | Less than | 2,400mg | 2,400mg |
| Total Carbohydrate | | 300g | 375g |
| Dietary Fiber | | 25g | 30g |

Etykiety żywieniowe podają łączną ilość gramów węglowodanów na porcję, wraz z innymi informacjami żywieniowymi.

Etykiety żywieniowe mówią ci

- jedzenie podaje się w postaci jednego plastra lub 1/2 filiżanki.
- łączna ilość gramów węglowodanów w jednej porcji
- inne informacje żywieniowe, w tym kalorie oraz ilość białka i tłuszczu w jednej porcji

Jeśli masz dwie porcje zamiast jednej, np. jedną filiżankę fasoli pinto zamiast 1/2 filiżanki, pomnóż liczbę gramów węglowodanów w jednej porcji, np. 15-na dwie, aby uzyskać całkowitą liczbę gramów węglowodanów - 30.

15 x 2 = 30

## Gotowanie w domu

Aby dowiedzieć się, ile węglowodanów znajduje się w domowych produktach spożywczych, należy oszacować i zsumować ich ilość w gramach. Aby oszacować ilość węglowodanów w porcji, można skorzystać z książek lub stron internetowych, które podają typową zawartość węglowodanów w produktach domowej roboty.

Możesz również zważyć żywność za pomocą wagi lub zmierzyć jej ilość za pomocą miarki lub łyżki, aby oszacować ilość węglowodanów. Na przykład, jeśli na etykiecie żywieniowej widnieje informacja, że 1 1/2 filiżanki zboża zawiera 45 gramów węglowodanów, to 1/2 filiżanki będzie miało 15 gramów węglowodanów, a 1 filiżanka 30 gramów węglowodanów.

## Jedzenie na zewnątrz

Niektóre restauracje podają informacje żywieniowe, które zawierają listę gramów węglowodanów. Możesz również użyć listy posiłków zliczających węglowodany, aby oszacować ilość węglowodanów w posiłkach restauracyjnych.

## Czy mogę jeść słodycze i inne potrawy i napoje z dodatkiem cukru?

Tak, można jeść słodycze i inne potrawy i napoje z dodatkiem cukrów. Należy jednak ograniczyć spożycie tych wysoko węglowodanowych produktów spożywczych i napojów, ponieważ są one często bogate w kalorie i ubogie w witaminy, minerały i błonnik. Bogate w błonnik całe ziarna, owoce, warzywa i fasola to mądrzejszy wybór.

Zamiast codziennie jeść słodycze, spróbuj je raz na jakiś czas zjeść w małych ilościach, aby nie napełniać się pokarmami o niskiej wartości odżywczej. Zapytaj swojego dietetyka lub edukatora cukrzycy o włączenie słodyczy do swojego planu żywieniowego.

## Co to za cukry?

Dodane cukry to różne formy cukru dodawane do żywności lub napojów podczas przetwarzania lub przygotowywania. Naturalnie występujące cukry, takie jak te zawarte w mleku i owocach, nie są cukrami dodawanymi, ale są węglowodanami. Najczęstszymi źródłami dodawanych cukrów dla Amerykanów są

- napoje bezalkoholowe słodzone cukrem, napoje owocowe, napoje sportowe i energetyczne
- desery na bazie ziarna, takie jak ciasta, ciasteczka i pączki
- desery i produkty na bazie mleka, takie jak lody, jogurt słodzony i mleko słodzone

- Cukierki

Zapoznanie się z listą składników żywności i napojów może pomóc w znalezieniu dodanych cukrów, takich jak

- cukier, cukier surowy, cukier brązowy i cukier inwertowany - mieszanka fruktozy i glukozy
- syrop kukurydziany i syrop słodowy
- syrop kukurydziany wysokofruktozowy, często stosowany w napojach bezalkoholowych i sokach
- miód, melasa i nektar z agawy
- dekstroza, fruktoza, glukoza, laktoza i sacharoza

W celu zapewnienia zdrowszego odżywiania należy ograniczyć spożycie żywności i napojów z dodatkiem cukrów.

**Jak mogę stwierdzić, czy liczenie węglowodanów działa na mnie?**

Sprawdzenie poziomu glukozy we krwi może pomóc w ustaleniu, czy liczenie węglowodanów jest dla Ciebie korzystne. Poziom glukozy we krwi można sprawdzić za pomocą glukometru.

Przynajmniej dwa razy w roku należy przeprowadzić badanie krwi A1C. Test A1C odzwierciedla średnią ilość glukozy we krwi w ciągu ostatnich 3 miesięcy.

Jeśli poziom glukozy we krwi jest zbyt wysoki, konieczne może być wprowadzenie zmian w planie żywienia lub innych zmian w stylu życia. Na przykład, możesz potrzebować mądrzejszego wyboru żywności, być bardziej aktywnym fizycznie lub dokonać zmian w swoich lekach na cukrzycę. Porozmawiaj ze swoim lekarzem o tym, jakie zmiany musisz wprowadzić, aby kontrolować poziom glukozy we krwi.

Jeśli używasz pompy insulinowej lub wykonujesz więcej niż jeden zastrzyk insuliny dziennie, zapytaj swojego lekarza, jak wyregulować poziom insuliny, gdy jesz coś, co nie jest zgodne z Twoim zwykłym planem żywieniowym.

**Czy mogę używać liczenia węglowodanów, jeśli jestem w ciąży?**

Możesz użyć liczenia węglowodanów, aby pomóc kontrolować poziom glukozy we krwi, gdy jesteś w ciąży. Osiągnięcie docelowych poziomów glukozy we krwi podczas ciąży jest ważne dla zdrowia Twojego i Twojego dziecka. Wysoki poziom glukozy we krwi podczas ciąży może zaszkodzić dziecku i zwiększyć jego szanse na cukrzycę typu 2 w późniejszym okresie życia.

Kobiety, u których zdiagnozowano cukrzycę ciążową - cukrzycę, która rozwija się tylko podczas ciąży - mogą również stosować liczenie węglowodanów, aby kontrolować poziom glukozy we krwi.

Porozmawiaj z lekarzem na temat sposobu liczenia węglowodanów, aby pomóc w osiągnięciu docelowych poziomów glukozy we krwi podczas ciąży.

## Czym jest medyczna terapia żywieniowa?

Medyczna terapia żywieniowa jest usługą świadczoną przez RD w[10] celu stworzenia osobistych planów żywieniowych w oparciu o Twoje potrzeby i upodobania. W przypadku osób z cukrzycą wykazano, że medyczna terapia żywieniowa poprawia leczenie cukrzycy.[11] Medicare płaci za medyczną terapię żywieniową dla osób z cukrzycą. Jeśli posiadasz ubezpieczenie inne niż Medicare, zapytaj, czy obejmuje ono medyczną terapię żywieniową na cukrzycę.

## Czy suplementy i witaminy pomogą mojej cukrzycy?

Nie ma wyraźnych dowodów na to, że przyjmowanie suplementów diety takich jak witaminy, minerały, zioła czy przyprawy może pomóc w walce z cukrzycą. Możesz potrzebować suplementów, jeśli nie możesz uzyskać wystarczającej ilości witamin i minerałów z żywności. Porozmawiaj ze swoim lekarzem przed przyjęciem jakiegokolwiek suplementu diety, ponieważ niektóre z nich mogą powodować efekty uboczne lub wpływać na sposób działania Twoich leków.

[10] Zarejestrowany Dietetyk

[11] Medicare część B (ubezpieczenie medyczne) może obejmować usługi w zakresie medycznego leczenia żywieniowego (MNT) oraz pewne usługi pokrewne, jeśli pacjent ma cukrzycę lub chorobę nerek lub miał przeszczep nerki w ciągu ostatnich 36 miesięcy.

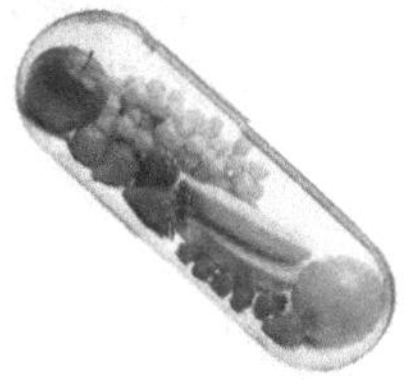

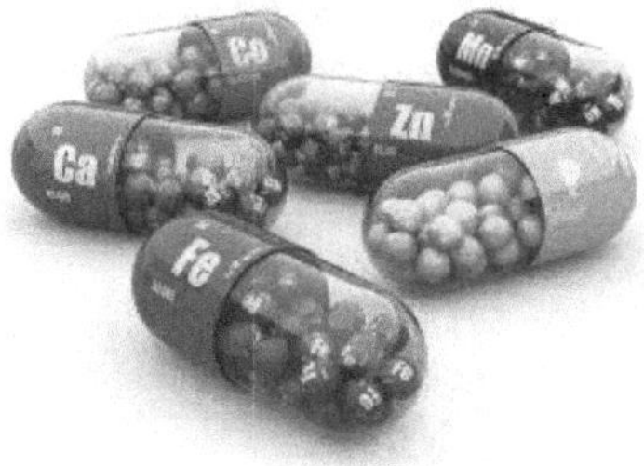


## Suplement diety:

### Kwas alfa-liponowy

- Badany jest wpływ kwasu alfa-liponowego na powikłania cukrzycy, w tym na obrzęk plamki żółtej (stan oczu, który może powodować utratę wzroku) i neuropatię cukrzycową (uszkodzenie nerwów spowodowane przez cukrzycę).
  - W badaniu przeprowadzonym w 2011 roku na 235 osobach z cukrzycą typu 2, 2 lata suplementacji kwasem alfa-liponowym nie pomogły w zapobieganiu obrzękom plamki żółtej.
  - Przeprowadzona w 2016 r. ocena leczenia objawów neuropatii cukrzycowej, obejmująca 2 badania nad doustnym kwasem alfa-liponowym, które objęły łącznie 205 uczestników, wykazała, że kwas alfa-liponowy może być pomocny.
- **Bezpieczeństwo**
  - Wysokie dawki suplementów z kwasem alfa-liponowym mogą powodować problemy żołądkowe.

### Chrom

- Znajdujący się w wielu produktach spożywczych, chrom jest niezbędnym minerałem śladowym. Jeśli masz zbyt mało chromu w swojej diecie, Twój organizm nie może efektywnie wykorzystywać glukozy.
  - Biorąc suplementy chromowe, wraz z konwencjonalną opieką, nieznacznie poprawiła się kontrola poziomu cukru we krwi u osób z cukrzycą (głównie typu 2), które miały słabą kontrolę poziomu cukru we krwi, przegląd w 2014 r. zakończył się. Przegląd obejmował 25 badań, w których wzięło udział około 1600 uczestników.

- **Bezpieczeństwo**
  - Suplementy chromowe mogą powodować bóle i wzdęcia żołądka, a pojawiło się kilka doniesień o uszkodzeniach nerek, problemach mięśniowych i reakcjach skórnych po zastosowaniu dużych dawek. Efekty długotrwałego przyjmowania chromu nie zostały dobrze zbadane.

**Suplementy ziołowe**

- Nie mamy wiarygodnych dowodów na to, że jakiekolwiek suplementy ziołowe mogą pomóc w zwalczaniu cukrzycy lub jej powikłań.
  - Nie ma wyraźnych korzyści z cynamonu dla osób z cukrzycą.
  - Inne suplementy ziołowe badane na cukrzycę to gorzki melon, różne chińskie leki ziołowe, kozieradka, żeń-szeń, oset mleczny i słodki ziemniak. Badania nie wykazały, że którekolwiek z nich są skuteczne, a niektóre mogą mieć skutki uboczne.
- **Bezpieczeństwo**
  - Mamy niewiele rozstrzygających informacji na temat bezpieczeństwa stosowania ziołowych suplementów diety dla osób chorych na cukrzycę.
  - Cynamon Cassia, najbardziej rozpowszechniony rodzaj cynamonu sprzedawany w Stanach Zjednoczonych i Kanadzie, zawiera różne ilości substancji chemicznej zwanej kumaryną, która może powodować lub pogarszać chorobę wątroby. W większości przypadków Cassia Cinnamon nie ma wystarczającej ilości kumaryny, żeby cię rozchorować. Jednak u niektórych osób, np. z chorobami wątroby, przyjmowanie dużej ilości cynamonu cassia może pogorszyć ich stan.
  - Stosowanie ziół takich jak dziurawiec zwyczajny, kaktus opuncja, aloes lub żeń-szeń z konwencjonalnymi lekami na cukrzycę może powodować niepożądane skutki uboczne.

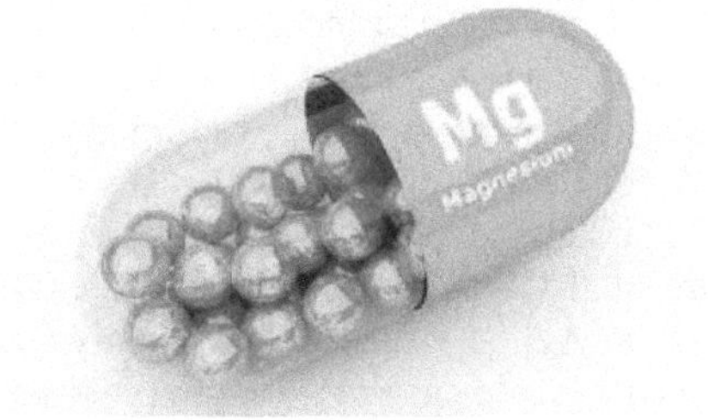


## Magnez

- Magnez, występujący w wielu produktach spożywczych, w tym w dużych ilościach w otrębach, niektórych nasionach i orzechach oraz szpinaku, jest niezbędny dla zdolności organizmu do przetwarzania glukozy.
    - Niedobór magnezu może zwiększać ryzyko zachorowania na cukrzycę. W wielu badaniach sprawdzano, czy przyjmowanie suplementów magnezowych pomaga osobom cierpiącym na cukrzycę lub narażonym na jej rozwój. Jednak badania te są na ogół niewielkie, a ich wyniki nie są rozstrzygające.
- **Bezpieczeństwo**
    - Duże dawki magnezu w suplementach mogą powodować biegunkę i skurcze brzucha. Bardzo duże dawki - ponad 5.000 mg dziennie - mogą być śmiertelne.
- Więcej informacji na temat magnezu można znaleźć w Office of Dietary Supplements (ODS) Magnesium: Karta informacyjna dla konsumentów.

## Omega-3s

- Nie wykazano, aby przyjmowanie suplementów *kwasów tłuszczowych omega-3*, takich jak olej rybny, pomagało osobom cierpiącym na cukrzycę w kontrolowaniu poziomu cukru we krwi lub zmniejszało ryzyko wystąpienia chorób serca.

- Ryby i inne owoce morza, zwłaszcza tłuste ryby zimnowodne, takie jak łosoś i tuńczyk, zawierają kwasy tłuszczowe omega-3. Badania nad skutkami spożywania ryb przyniosły sprzeczne wyniki, według dwóch przeglądów badań z 2012 roku, w których uczestniczyły setki tysięcy osób, oraz przeglądu z 2017 roku. Niektóre badania ze Stanów Zjednoczonych i Europy wykazały, że osoby, które jadły więcej ryb, miały większą zapadalność na cukrzycę. Badania z Azji i Australii wykazały, że opozycyjne jedzenie większej ilości ryb wiązało się z mniejszym ryzykiem zachorowania na cukrzycę. Nie ma mocnych dowodów wyjaśniających te różnice.

- **Bezpieczeństwo**
  - Suplementy Omega-3 zwykle nie mają skutków ubocznych. Kiedy pojawiają się efekty uboczne, zazwyczaj składają się one z drobnych objawów, takich jak nieświeży oddech, niestrawność lub biegunka.
  - Suplementy Omega-3 mogą wchodzić w interakcje z lekami wpływającymi na krzepnięcie krwi.
- Więcej informacji na temat suplementów omega-3 można znaleźć na stronie internetowej NCCIH Omega-3 Fatty Acids.

## Selen

- Ocena 4 badań z udziałem ponad 20 000 uczestników wykazała, że suplementacja selenem nie zmniejszyła prawdopodobieństwa rozwoju cukrzycy typu 2 u ludzi.

- **Bezpieczeństwo**
    - Długotrwałe spożywanie zbyt dużej ilości selenu może mieć szkodliwe skutki, w tym wypadanie włosów i paznokci, objawy z przewodu pokarmowego i zaburzenia układu nerwowego.
- Więcej informacji na temat selenu można znaleźć w karcie informacyjnej ODS Selenium Fact Sheet for Consumers.

## Witaminy

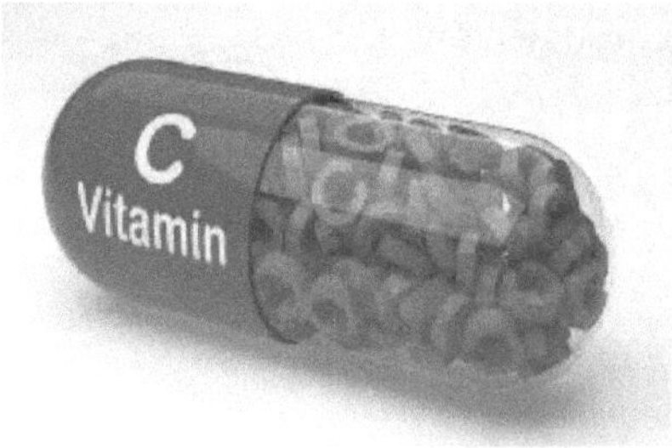


- Badania generalnie wykazują, że przyjmowanie witaminy C nie poprawia kontroli poziomu cukru we krwi ani innych stanów chorobowych u osób chorych na cukrzycę. Jednak przegląd badań w 2017 r. z 22 badań z 937 uczestnikami znalazł słabe dowody na to, że witamina C pomagała z cukrzycą typu 2 u osób, które brały ją dłużej niż 30 dni.

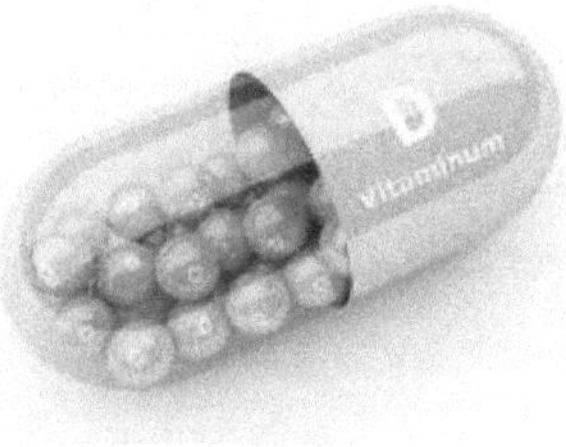


- Posiadanie niskiego poziomu witaminy D wiąże się ze zwiększonym ryzykiem rozwoju zaburzeń metabolicznych, takich jak cukrzyca typu 2, zespół metaboliczny lub insulinooporność, badania i przeglądy badań z ostatnich 5 lat wykazały. Wydaje się jednak, że przyjmowanie witaminy D nie pomaga w zapobieganiu cukrzycy ani w poprawie poziomu cukru we krwi u osób dorosłych z prawidłowym poziomem cukru we krwi, z predyspozycjami lub z cukrzycą typu 2, jak wynika z przeglądu badań przeprowadzonych w 2014 roku w 35 badaniach z udziałem 43 407 uczestników.

- **Bezpieczeństwo**
    - Przyjmowanie zbyt dużej ilości witaminy D może powodować mdłości, zaparcia, osłabienie, uszkodzenie nerek, dezorientację i problemy z rytmem serca. Jest mało prawdopodobne, że dostaniesz za dużo witaminy D z jedzenia lub słońca.
- Więcej informacji na temat witaminy D znajduje się w części ODS Witamina D: Karta informacyjna dla konsumentów.

**Inne suplementy**

- Dowody są nadal bardzo wstępne na temat tego, jak suplementy lub żywność bogata w polifenole-przeciwutleniacze znajdujące się w herbacie, kawie, winie, owocach, ziarnach i warzywach mogą wpływać na cukrzycę.

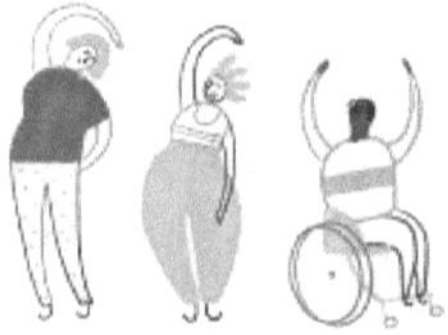

**Dlaczego miałbym być aktywny fizycznie, skoro mam cukrzycę?**

Aktywność fizyczna jest ważnym elementem zarządzania poziomem glukozy we krwi i utrzymania dobrego stanu zdrowia. Bycie aktywnym przynosi wiele korzyści dla zdrowia.

Aktywność fizyczna

- obniża poziom glukozy we krwi
- obniża ciśnienie krwi[12]
- poprawia przepływ krwi
- spala dodatkowe kalorie, dzięki czemu w razie potrzeby można utrzymać wagę na niskim poziomie
- poprawia samopoczucie
- może zapobiec upadkom i poprawić pamięć u osób starszych
- może pomóc ci lepiej spać

Jeśli masz nadwagę, połączenie aktywności fizycznej z planem niskokalorycznego jedzenia może przynieść jeszcze więcej korzyści. In the Look AHEAD: Action for Health in Diabetes study, overweight adults with type 2 diabetes who eat less and moved more had greater long-term health benefits compared to those who didn't make these changes. Te korzyści zawierał ulepszonego poziomu cholesterolu, mniej bezdechu sennego[13], i jest w stanie poruszać się łatwiej.

Nawet niewielka ilość aktywności fizycznej może pomóc. Eksperci sugerują, aby przez co najmniej 30 minut umiarkowanej lub energicznej aktywności fizycznej dążyć do 5 dni w tygodniu. Umiarkowana aktywność jest nieco trudna, a energiczna aktywność jest intensywna i trudna. Jeśli chcesz schudnąć lub utrzymać spadek wagi ciała, może być konieczne wykonanie 60 minut lub więcej aktywności fizycznej 5 dni w tygodniu.

Bądź cierpliwy. Może minąć kilka tygodni aktywności fizycznej, zanim zauważysz zmiany w swoim zdrowiu.

**Jak mogę bezpiecznie uprawiać aktywność fizyczną, jeśli mam cukrzycę?**

Należy pić wodę przed, w trakcie i po wysiłku fizycznym, aby utrzymać dobre nawodnienie. Poniżej znajduje się kilka innych wskazówek dotyczących bezpiecznej aktywności fizycznej w przypadku cukrzycy.

---

[12] Siła przepływu krwi w twoich naczyniach krwionośnych. Ciśnienie krwi jest zapisane jako dwie liczby oddzielone ukośnikiem i mówi się o nim "120 na 80". Górna liczba to ciśnienie skurczowe, czyli ciśnienie, gdy serce bije i wypycha krew do tętnic. Dolna liczba to ciśnienie rozkurczowe lub ciśnienie, gdy serce odpoczywa pomiędzy uderzeniami serca.

[13] Powszechne zaburzenie, w którym nie oddycha się regularnie podczas snu. Możesz poruszać się z głębokiego snu i do lekkiego snu, gdy twój oddech zatrzymuje się lub staje się płytki. Nieleczone problemy ze snem, zwłaszcza bezdech senny, mogą zwiększyć szanse na otyłość, insulinooporność i cukrzycę typu 2.

**Cukrzyca typu 2**

Cukrzyca typu 2, najczęstszy typ cukrzycy, jest chorobą, która występuje, gdy poziom glukozy we krwi, zwany również cukrem we krwi, jest zbyt wysoki. Glukoza we krwi jest Twoim głównym źródłem energii i pochodzi głównie z jedzenia, które jesz. Insulina, hormon wytwarzany przez trzustkę, pomaga glukozie dostać się do twoich komórek, aby wykorzystać je do produkcji energii. W przypadku cukrzycy typu 2 organizm nie produkuje wystarczającej ilości insuliny lub nie wykorzystuje jej dobrze. Zbyt dużo glukozy pozostaje we krwi, a za mało dociera do komórek.

Dobrą wiadomością jest to, że można podjąć działania mające na celu zapobieganie lub opóźnianie rozwoju cukrzycy typu 2.

**Kto jest bardziej narażony na rozwój cukrzycy typu 2?**

Cukrzyca typu 2 może wystąpić w każdym wieku, nawet w dzieciństwie. Cukrzyca typu 2 występuje jednak najczęściej u osób w średnim i starszym wieku. Prawdopodobieństwo zachorowania na cukrzycę typu 2 jest większe, jeśli masz 45 lat lub więcej, masz rodzinną historię cukrzycy, masz nadwagę lub jesteś otyły. Cukrzyca częściej występuje u osób, które są afroamerykanami, latynosami, Indianami amerykańskimi, azjatyckimi lub wyspiarze z Pacyfiku.

Brak aktywności fizycznej i pewne problemy zdrowotne, takie jak wysokie ciśnienie krwi, wpływają na szanse na rozwój cukrzycy typu 2. Istnieje również większe prawdopodobieństwo rozwoju cukrzycy typu 2, jeśli masz cukrzycę przedwczesną lub miałaś cukrzycę ciążową, gdy byłaś w ciąży.

Cukrzyca typu 2 występuje najczęściej u osób w średnim i starszym wieku.

**Jakie są objawy cukrzycy?**

Objawy cukrzycy obejmują

- zwiększone pragnienie i oddawanie moczu
- zwiększony głód
- uczucie zmęczenia
- niewyraźne widzenie
- drętwienie lub mrowienie w stopach lub rękach
- rany, które nie goją się
- niewytłumaczalny ubytek masy ciała

Objawy cukrzycy typu 2 często rozwijają się powoli - w ciągu kilku lat - i mogą być tak łagodne, że można ich nawet nie zauważyć. Wiele osób nie ma żadnych objawów. Niektóre osoby nie dowiadują się o chorobie, dopóki nie wystąpią u nich problemy zdrowotne związane z cukrzycą, takie jak niewyraźne widzenie lub choroby serca.

**Co powoduje cukrzycę typu 2?**

Cukrzyca typu 2 jest spowodowana kilkoma czynnikami, w tym

- nadwaga i otyłość
- nie będąc aktywnym fizycznie
- insulinooporność
- geny

Dowiedz się więcej o przyczynach cukrzycy typu 2.

**Jak pracownicy służby zdrowia diagnozują cukrzycę typu 2?**

Twój pracownik służby zdrowia może zdiagnozować cukrzycę typu 2 na podstawie badań krwi. Dowiedz się więcej o badaniach krwi na cukrzycę i co oznaczają te wyniki.

**Jak mogę poradzić sobie z cukrzycą typu 2?**

Zarządzanie poziomem glukozy we krwi, ciśnienia krwi i cholesterolu oraz rzucenie palenia w przypadku palenia to ważne sposoby zarządzania cukrzycą typu 2. Zmiany w stylu życia, które obejmują planowanie zdrowych posiłków, ograniczanie kalorii w przypadku nadwagi i aktywności fizycznej, są również częścią leczenia cukrzycy. Tak samo jak przyjmowanie wszelkich leków na receptę. Współpracuj z zespołem opieki zdrowotnej, aby stworzyć plan leczenia cukrzycy, który będzie dla Ciebie odpowiedni.

Przestrzeganie planu posiłków pomaga w radzeniu sobie z cukrzycą.

**Jakie leki są mi potrzebne do leczenia cukrzycy typu 2?**

Oprócz przestrzegania planu leczenia cukrzycy, możesz potrzebować leków na cukrzycę, do których mogą należeć pigułki lub leki, które wstrzykuje się pod skórę, takie jak insulina. Z czasem możesz potrzebować więcej niż jednego leku na cukrzycę, aby kontrolować poziom glukozy we krwi. Nawet jeśli nie bierzesz insuliny, możesz jej potrzebować w szczególnych momentach, np. w czasie ciąży lub jeśli jesteś w szpitalu. Możesz również potrzebować leków na wysokie ciśnienie krwi, wysoki poziom cholesterolu lub inne schorzenia.

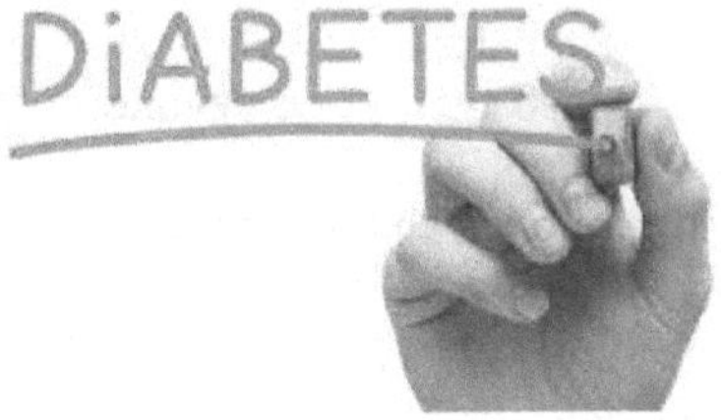


**Jakie problemy zdrowotne mogą wystąpić u osób z cukrzycą?**

Przestrzeganie dobrego planu leczenia cukrzycy może pomóc w ochronie przed wieloma problemami zdrowotnymi związanymi z cukrzycą. Jeśli jednak cukrzyca nie zostanie usunięta, może prowadzić do problemów takich jak

- choroby serca i udar mózgu
- uszkodzenie nerwów
- choroba nerek
- problemy z nogami
- choroba oczu
- choroby dziąseł i inne problemy stomatologiczne
- problemy seksualne i pęcherzowe

Wiele osób z cukrzycą typu 2 cierpi również na bezalkoholową tłustą chorobę wątroby (NAFLD). Utrata wagi w przypadku nadwagi lub otyłości może poprawić NAFLD. Cukrzyca jest również związana z innymi problemami zdrowotnymi, takimi jak bezdech senny, depresja, niektóre rodzaje nowotworów i demencja.

Możesz podjąć kroki w celu zmniejszenia swoich szans na rozwój tych problemów zdrowotnych związanych z cukrzycą.

**Jak mogę zmniejszyć swoje szanse na rozwój cukrzycy typu 2?**

Badania takie jak Program Zapobiegania Cukrzycy, sponsorowany przez Narodowe Instytuty Zdrowia, wykazały, że możesz podjąć kroki w celu zmniejszenia swoich szans na zachorowanie na cukrzycę typu 2, jeśli masz czynniki ryzyka tej choroby. Oto kilka rzeczy, które możesz zrobić, aby zmniejszyć swoje ryzyko:

- **Zrzuć wagę, jeśli masz nadwagę, i trzymaj ją z dala.** Możesz zapobiec lub opóźnić cukrzycę, tracąc od 5 do 7 procent swojej obecnej wagi. Na przykład, jeśli ważysz 200 funtów, twoim celem byłoby stracić około 10 do 14 funtów.
- **Ruszaj się jeszcze.** Uzyskać co najmniej 30 minut aktywności fizycznej, takiej jak spacer, co najmniej 5 dni w tygodniu. Jeśli nie byłeś aktywny, porozmawiaj z pracownikiem służby zdrowia o tym, które czynności są najlepsze. Zacznij powoli i rozwijaj się aż do celu.
- **Jedzcie zdrową żywność.** Jeść mniejsze porcje, aby zmniejszyć ilość kalorii, które jesz każdego dnia i pomóc schudnąć. Wybór żywności o mniejszej zawartości tłuszczu jest innym sposobem na zmniejszenie ilości kalorii. Pijcie wodę zamiast słodzonych napojów.

Zapytaj swój zespół opieki zdrowotnej, jakie inne zmiany możesz wprowadzić, aby zapobiec lub opóźnić wystąpienie cukrzycy typu 2.

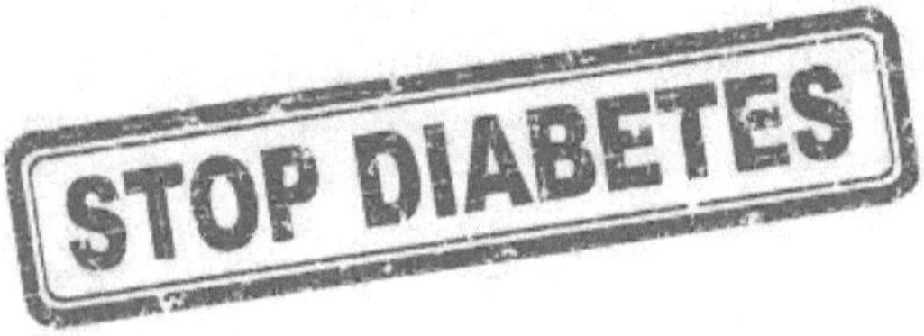


Najczęściej Twoją najlepszą szansą na zapobieganie cukrzycy typu 2 jest dokonanie zmian w stylu życia, które działają na Twoją korzyść przez długi czas. Zacznij od swojego planu gry, aby zapobiec cukrzycy typu 2.

**Plan na przyszłość**

Porozmawiaj ze swoim zespołem opieki zdrowotnej przed rozpoczęciem nowej rutyny aktywności fizycznej, szczególnie jeśli masz inne problemy zdrowotne. Twój zespół medyczny poda Ci docelowy zakres dla Twojego poziomu glukozy we krwi i zasugeruje, w jaki sposób możesz być bezpiecznie aktywny.

Twój zespół opieki zdrowotnej może również pomóc Ci wybrać najlepszą dla Ciebie porę dnia na aktywność fizyczną w oparciu o plan dnia, plan posiłków i leki na cukrzycę. Jeśli przyjmujesz insulinę, musisz zrównoważyć aktywność, którą wykonujesz z dawkami insuliny i posiłkami, aby nie uzyskać niskiego poziomu glukozy we krwi.

## Zapobieganie niskiemu poziomowi glukozy we krwi

Ponieważ aktywność fizyczna obniża poziom glukozy we krwi, należy chronić się przed niskim poziomem glukozy we krwi, zwanym również hipoglikemią. W przypadku przyjmowania insuliny lub niektórych innych leków przeciwcukrzycowych, takich jak sulfonomocznik, istnieje duże prawdopodobieństwo wystąpienia hipoglikemii[14]. Hipoglikemia może wystąpić również po długim, intensywnym treningu lub po opuszczeniu posiłku przed aktywnością. Hipoglikemia może wystąpić w trakcie lub do 24 godzin po aktywności fizycznej.

## Objawy hipoglikemii

Od łagodnego do umiarkowanego

- Wstrząśnięty lub roztrzęsiony
- Spocony
- Głodny
- Headachy
- Rozmyte widzenie
- Senny lub zmęczony
- Zawroty głowy lub lekkomyślność
- Zagubiony lub zdezorientowany
- Blady
- Nieskoordynowane
- Drażliwy lub nerwowy
- Argumentalny lub bojowy
- Zmienione zachowanie lub osobowość
- Koncentracja problemów
- Słaba
- Szybkie lub nieregularne bicie serca

Poważny

- Nie można jeść ani pić
- Ataki lub drgawki (ruchy szarpiące)
- Nieświadomość

Planowanie jest kluczem do zapobiegania hipoglikemii. Na przykład, jeśli przyjmujesz insulinę, Twój lekarz może zasugerować, abyś zażywał mniej insuliny lub zjadł małą przekąskę z węglowodanami przed, podczas lub po wysiłku fizycznym, szczególnie intensywnym.

[14] Klasa leków doustnych dla osób z cukrzycą typu 2, które obniżają poziom glukozy we krwi, pomagając trzustce produkować więcej insuliny i pomagając organizmowi lepiej wykorzystywać wytwarzaną przez nią insulinę.

Konieczne może być sprawdzenie poziomu glukozy we krwi przed, w trakcie i zaraz po zakończeniu aktywności fizycznej.

**Bądźcie bezpieczni, gdy poziom glukozy we krwi jest wysoki**

Jeśli masz cukrzycę typu 1, unikaj energicznej aktywności fizycznej, gdy masz ketony we krwi lub w moczu. Ketony są substancjami chemicznymi, które organizm może wytworzyć, gdy poziom glukozy we krwi jest zbyt wysoki, jest to stan zwany hiperglikemią, a poziom insuliny jest zbyt niski. Jeśli jesteś aktywny fizycznie, gdy masz ketony we krwi lub w moczu, poziom glukozy we krwi może być jeszcze wyższy. Zapytaj swój zespół medyczny, jaki poziom ketonów jest dla Ciebie niebezpieczny i jak go przetestować. Ketony są rzadkością u osób z cukrzycą typu 2.

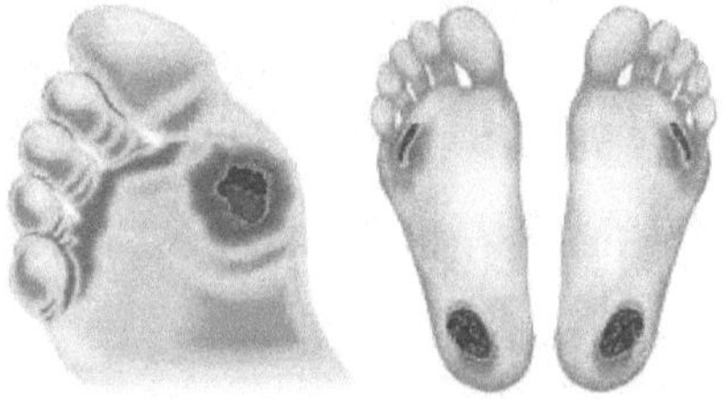

**Dbaj o swoje stopy**

Osoby z cukrzycą mogą mieć problemy z nogami z powodu słabego przepływu krwi i uszkodzeń nerwów, które mogą wynikać z wysokiego poziomu glukozy we krwi. Aby zapobiec problemom ze stopami, należy nosić wygodne, wspomagające buty i dbać o stopy przed, w trakcie i po wysiłku fizycznym.

**Cukrzyca i problemy ze stopami**

Problemy ze stopami są częste u osób z cukrzycą. Możesz obawiać się, że stracisz palec, stopę lub nogę na skutek cukrzycy lub znasz kogoś, kto ma, ale możesz zmniejszyć swoje szanse na problemy ze stopami związane z cukrzycą, dbając o swoje stopy każdego dnia. Zarządzanie poziomem glukozy we krwi, zwanym również cukrem we krwi, może również pomóc w utrzymaniu zdrowych stóp.

**Jak cukrzyca może wpłynąć na moje stopy?**

Z czasem cukrzyca może powodować uszkodzenia nerwów, zwane także neuropatią cukrzycową, które mogą powodować mrowienie i ból, a także powodować utratę czucia w stopach. Kiedy tracisz czucie w stopach, możesz nie czuć kamyka w skarpetce lub pęcherza na stopie, co może prowadzić do skaleczeń i odleżyn. Cięcia i rany mogą się zainfekować.

Cukrzyca może również obniżyć poziom przepływu krwi w stopach. Brak wystarczającej ilości krwi płynącej do nóg i stóp może utrudnić gojenie się bólu lub infekcji. Czasami, zła infekcja nigdy się nie leczy. Infekcja może prowadzić do gangreny.

Gangrena i wrzody stóp, które nie polepszają się w trakcie leczenia, mogą prowadzić do amputacji palca, stopy lub części nogi. Chirurg może przeprowadzić amputację, aby zapobiec rozprzestrzenianiu się złej infekcji na resztę ciała i uratować ci życie. Dobra pielęgnacja stóp jest bardzo ważna dla zapobiegania poważnym infekcjom i gangrenom.

Uszkodzenia nerwów spowodowane cukrzycą, choć rzadkie, mogą prowadzić do zmian w kształcie stóp, takich jak stopa Charcota. Stopa Charcota może zacząć się od zaczerwienienia, ciepła i obrzęku. Później kości w stopach i palcach u rąk i nóg mogą się przesuwać lub łamać, co może spowodować, że stopy będą miały dziwny kształt, taki jak "bujany dół".

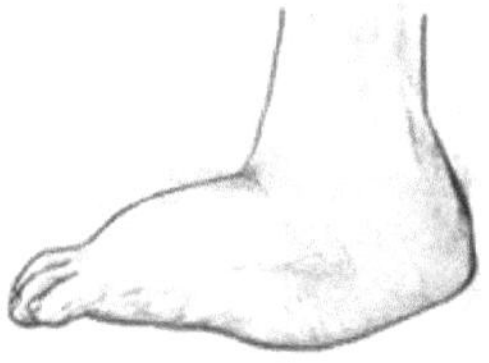

Stopa Charcota może spowodować, że twoje stopy będą miały dziwny kształt, taki jak "bujany dół".

**Co mogę zrobić, żeby moje stopy były zdrowe?**

Pracuj z zespołem opieki zdrowotnej nad stworzeniem planu samoopieki nad chorym na cukrzycę, który jest planem działania dotyczącym sposobu radzenia sobie z cukrzycą. Twój plan powinien obejmować pielęgnację stóp. Lekarz specjalizujący się w leczeniu stóp, zwany również podiatrą, oraz inni specjaliści mogą być częścią Twojego zespołu opieki zdrowotnej.

Włącz te kroki do swojego planu pielęgnacji stóp:

**Wskazówki, jak dbać o swoje stopy**

- Sprawdzaj codziennie swoje stopy.
- Codziennie myjesz stopy.
- Gładkie odciski i modzele delikatnie.
- Przycinajcie paznokcie u stóp w poprzek.

- Noś buty i skarpetki przez cały czas.
- Chroń swoje stopy przed gorącem i zimnem.
- Niech krew płynie do twoich stóp.
- Przy każdej wizycie u lekarza należy przeprowadzić kontrolę stóp.

**Codziennie sprawdzaj swoje stopy**

Możesz mieć problemy ze stopami, ale nie czujesz bólu w stopach. Codzienne sprawdzanie stóp pomoże Ci wcześnie wykryć problemy, zanim się pogorszą. Dobrym sposobem na zapamiętanie jest sprawdzanie stóp każdego wieczoru, kiedy zdejmujesz buty. Sprawdź też między palcami u nóg. Jeśli masz problem z pochyleniem się, aby zobaczyć swoje stopy, spróbuj użyć lustra, aby je zobaczyć, lub poproś kogoś innego, aby spojrzał na Twoje stopy.

Szukaj problemów takich jak

- nacięcia, rany lub czerwone plamy
- pęcherzyki puchnące lub wypełnione cieczą
- wrastające paznokcie u stóp, w których krawędź paznokcia wrastała w skórę
- nagniotki lub modzele, które są plamami szorstkiej skóry spowodowanymi zbyt dużym otarciem lub uciskiem w tym samym miejscu
- brodawki sadzonkowe, które są mięsistymi przyrostami na dnie stóp
- stopa sportowca
- ciepłe miejsca

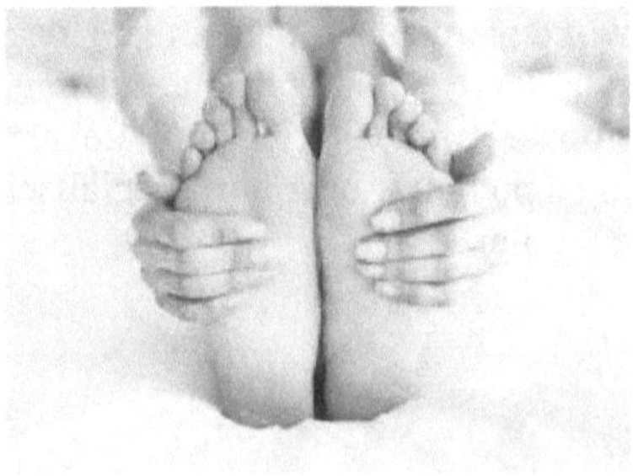

Jeśli masz pewne problemy ze stopą, które zwiększają prawdopodobieństwo wystąpienia bólu stopy, lekarz może zalecić stosowanie temperatury skóry na różnych częściach stóp. Gorący punkt" może być pierwszym sygnałem, że zaczyna się pęcherz lub wrzód.

Przykryć pęcherz, przeciąć lub obolały bandażem. Gładkie nagniotki i modzele, jak wyjaśniono poniżej.

**Codziennie myjesz stopy**

Umyj stopy mydłem w ciepłej, nie gorącej wodzie. Sprawdź, czy woda nie jest zbyt gorąca. Można użyć termometru (90° do 95° F jest bezpieczne) lub łokcia do badania ciepła wody. Nie należy moczyć stóp, ponieważ skóra będzie zbyt sucha.

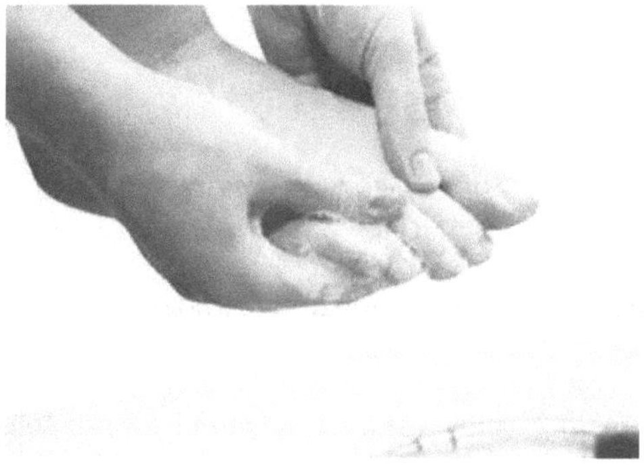

Po umyciu i wysuszeniu stóp umieść talk w proszku lub skrobię kukurydzianą między palcami. Skóra między palcami ma tendencję do utrzymywania się wilgoci. Puder utrzyma skórę suchą, aby zapobiec infekcji.

**Gładkie nagniotki i modzele delikatnie**

Grube plamy skóry zwane nagniotkami lub modzelami mogą rosnąć na stopach. Jeśli masz nagniotki lub modzele, porozmawiaj z lekarzem prowadzącym o najlepszym sposobie opieki nad tymi problemami stóp. Jeśli masz uszkodzenia nerwów, te plamy mogą stać się wrzodami.

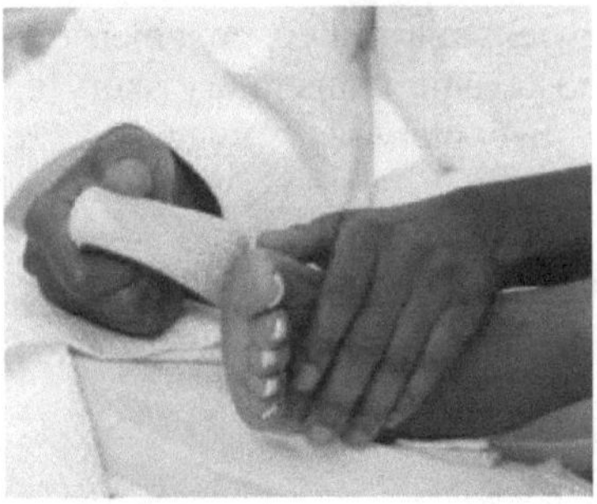

Jeśli lekarz Ci to poleci, użyj pumeksu do wygładzenia nagniotków i modzeli po kąpieli lub prysznicu. Pumeks jest rodzajem kamienia używanego do wygładzania skóry. Pocieraj delikatnie, tylko w jednym kierunku, aby uniknąć rozdarcia skóry.

**Nie należy**

- cięte nagniotki i nagniotki
- używać tynków kukurydzianych, które są podkładkami leczniczymi
- używać płynnych środków do usuwania kukurydzy i modzelekularnych

Produkty do cięcia i usuwania zboża bez recepty mogą uszkodzić skórę i spowodować infekcję.

Aby skóra była gładka i miękka, wmasuj cienką warstwę balsamu, kremu lub wazeliny w górnej i dolnej części stóp. Nie należy wkładać balsamu ani kremu między palce u stóp, ponieważ wilgoć może spowodować infekcję.

**Przycinajcie paznokcie u stóp prosto w poprzek**

W razie potrzeby, po umyciu i wysuszeniu stóp, przycinajcie paznokcie u stóp. Używając obcinaczek do paznokci u stóp, przyciąć paznokcie w poprzek. Nie wcinaj się w narożniki paznokci u stóp. Delikatnie wygładzamy każdy paznokieć płytką z szmiry lub nieostrym pilnikiem do paznokci. Przycinanie w ten sposób zapobiega obcinaniu się skóry i zapobiega wrastaniu paznokci w skórę.

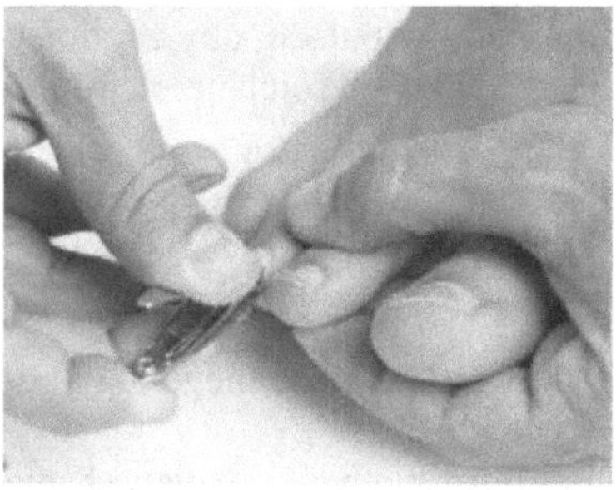

Zleć lekarzowi od stóp przycięcie paznokci u stóp, jeśli

- nie możesz widzieć, czuć, ani sięgać do stóp
- Twoje paznokcie u stóp są grube lub pożółkłe
- twoje paznokcie zakrzywiają się i wrastają w skórę

Jeśli chcesz zrobić sobie pedicure w salonie, powinieneś przynieść własne narzędzia do paznokci, aby zapobiec infekcji. Możesz zapytać swojego pracownika służby zdrowia, jakie inne kroki możesz podjąć w salonie, aby zapobiec infekcji.

**Nosić buty i skarpetki przez cały czas**

Noś buty i skarpetki przez cały czas. Nie należy chodzić boso ani w samych skarpetkach - nawet gdy jest się w domu. Możesz na coś nadepnąć i zranić się w stopy. Możesz nie odczuwać żadnego bólu i nie wiedzieć, że robisz sobie krzywdę.

Przed założeniem butów należy sprawdzić, czy podszewka jest gładka i wolna od kamieni i innych przedmiotów.

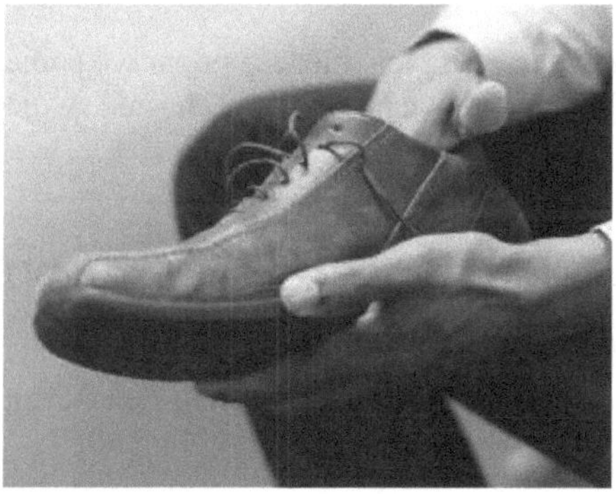

Upewnij się, że nosisz skarpetki, pończochy lub nylony w butach, aby zapobiec powstawaniu pęcherzy i odleżyn. Wybierz czyste, lekko wyściełane skarpety, które dobrze pasują. Najlepsze są skarpetki bez szwów.

Noś buty, które dobrze pasują i chronią Twoje stopy. Oto kilka wskazówek, jak znaleźć odpowiedni typ butów:

- Buty do chodzenia i buty sportowe są dobre do codziennego użytku. Podtrzymują twoje stopy i pozwalają im "oddychać".
- Nie należy nosić butów winylowych ani plastikowych, ponieważ nie rozciągają się i nie "oddychają".
- Kupując buty, upewnij się, że czują się dobrze i mają wystarczająco dużo miejsca na palce u nóg. Kupuj buty pod koniec dnia, kiedy Twoje stopy są największe, abyś mógł znaleźć najlepsze dopasowanie.
- Jeśli masz cebulę lub młotek, które są palcami u nóg, które zwijają się pod stopami, możesz potrzebować butów bardzo szerokich lub głębokich. [1] Nie należy nosić butów ze spiczastymi palcami lub wysokimi obcasami, ponieważ wywierają one zbyt duży nacisk na palce.
- Jeśli Twoje stopy zmieniły kształt, np. od stopy Charcota, możesz potrzebować specjalnych butów lub wkładek do butów, zwanych wkładkami. Możesz również potrzebować wkładek, jeśli masz bubony, młotki lub inne problemy ze stopami.

Podczas włamywania się do nowych butów, najpierw należy nosić je tylko przez kilka godzin, a następnie sprawdzać stopy pod kątem występowania bólu.

Ubezpieczenie Medicare Part B i inne programy ubezpieczeń zdrowotnych mogą pomóc w opłaceniu tych specjalnych butów lub wkładek. Zapytaj w swoim planie ubezpieczeniowym, czy obejmuje on Twoje specjalne buty lub wkładki.

## Chroń swoje stopy przed gorącem i zimnem

Jeśli masz uszkodzenia nerwów spowodowane cukrzycą, możesz poparzyć sobie stopy i nie wiedzieć, że to zrobiłeś. Podejmij następujące kroki, aby chronić swoje stopy przed gorącem:

- Noś buty na plaży i na gorącym chodniku.
- Nałóż krem przeciwsłoneczny na czubki stóp, aby zapobiec poparzeniom słonecznym.
- Trzymaj stopy z dala od grzejników i otwartego ognia.
- Nie należy kłaść na nogach butelki z gorącą wodą ani poduszki grzewczej.

Noś skarpetki w łóżku, jeśli stopy ci się przeziębią. Zimą zakładaj podszewkowane, wodoodporne buty, które utrzymają Twoje stopy ciepłe i suche.

**Niech krew płynie do twoich stóp**

Spróbuj skorzystać z poniższych wskazówek, aby poprawić przepływ krwi do stóp:

- Postaw stopy w górze, kiedy siedzisz.
- Poruszaj palcami u nóg przez kilka minut w ciągu dnia. Poruszaj kostkami w górę i w dół oraz do wewnątrz i na zewnątrz, aby ułatwić przepływ krwi w stopach i nogach.
- Nie należy nosić obcisłych skarpet ani elastycznych pończoch. Nie próbuj trzymać luźnych skarpetek z gumkami.
- Bądź bardziej aktywny fizycznie. Wybierz działania, które są łatwe do wykonania na nogach, takie jak spacer, taniec, joga lub rozciąganie, pływanie lub jazda na rowerze.
- Przestańcie palić.

Palenie może zmniejszyć przepływ krwi do stóp. Jeśli palisz, poproś o pomoc, aby przestać. Pomoc można uzyskać dzwoniąc na krajową linię quitline pod numerem 1-800-QUITNOW lub 1-800-784-8669. Aby uzyskać wskazówki dotyczące rzucania palenia, przejdź do SmokeFree.gov .

**Przy każdej wizycie w zakładzie opieki zdrowotnej należy przeprowadzić kontrolę stóp**

Poproś zespół medyczny o sprawdzanie stóp przy każdej wizycie. Zdejmij buty i skarpetki, gdy będziesz w pokoju egzaminacyjnym, aby pamiętały o sprawdzaniu stóp. Przynajmniej raz w roku należy przeprowadzić dokładne badanie stóp, w tym sprawdzenie czucia i pulsu w stopach.

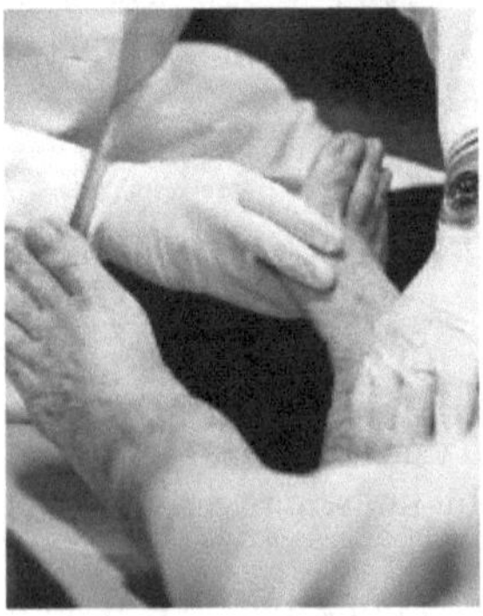

Pobierz dokładny test na stopy podczas każdej wizyty lekarskiej, jeśli masz

- zmiany w kształcie twoich stóp
- utrata czucia w stopach
- choroba tętnic obwodowych
- miał w przeszłości wrzody stóp lub amputację1

Poproś swój zespół medyczny, aby pokazał ci, jak dbać o swoje stopy.

**Kiedy powinienem się spotkać z moim lekarzem w sprawie problemów ze stopami?**

Natychmiast zadzwoń do swojego lekarza, jeśli masz

- cięcie, pęcherz lub siniak na stopie, który nie zaczyna się goić po kilku dniach
- skóra na stopie, która staje się zaczerwieniona, ciepła lub bolesna - o możliwej infekcji.

- modzel z zaschniętą krwią w jego wnętrzu, który często może być pierwszym znakiem rany pod modzelami.
- infekcja stóp, która staje się czarna i śmierdząca, możesz mieć gangrenę.

Poproś swojego dostawcę o skierowanie Cię do lekarza stóp lub podiatry, jeśli to konieczne.

## Jaką aktywność fizyczną powinienem wykonywać, jeśli mam cukrzycę?

Większość rodzajów aktywności fizycznej może pomóc w leczeniu cukrzycy. Niektóre czynności mogą być niebezpieczne dla niektórych osób, np. osoby słabo widzące lub z uszkodzonymi nerwami stóp. Zapytaj swój zespół opieki zdrowotnej, jakie zajęcia fizyczne są dla Ciebie bezpieczne. Wiele osób decyduje się na spacery z przyjaciółmi lub członkami rodziny.

Wykonywanie różnych rodzajów aktywności fizycznej w każdym tygodniu daje najwięcej korzyści dla zdrowia. Wymieszanie jej pomaga również zmniejszyć nudę i zmniejszyć ryzyko zranienia. Spróbuj tych opcji dla aktywności fizycznej.

Dodaj dodatkową aktywność do swojej codziennej rutyny

Jeśli byłeś nieaktywny lub próbujesz nowej aktywności, zaczynaj powoli, od 5 do 10 minut dziennie. Następnie co tydzień dodawaj trochę więcej czasu. Zwiększyć codzienną aktywność, spędzając mniej czasu przed telewizorem lub innym ekranem. Spróbuj tych prostych sposobów dodawania aktywności fizycznej w swoim życiu każdego dnia:

- Przechadzaj się, gdy rozmawiasz przez telefon lub podczas reklam telewizyjnych.
- Wykonywanie prac, takich jak praca w ogrodzie, grabienie liści, sprzątanie domu, czy mycie samochodu.
- Zaparkuj na odległym końcu parkingu centrum handlowego i przejdź do sklepu.
- Weźcie schody zamiast windy.
- Uaktywnij swoje rodzinne wycieczki, np. rodzinną jazdę na rowerze lub spacer w parku.

Jeśli siedzisz długo, np. pracujesz przy biurku lub oglądasz telewizję, wykonuj lekkie czynności przez 3 minuty lub więcej co pół godziny. Działalność lekka obejmuje

- podnośniki lub przedłużenia nóg

- napowietrzne odcinki ramion
- obrotowy fotel biurkowy
- skręcenia tułowia
- wypady boczne
- spacerowanie w miejscu

**Wykonywanie ćwiczeń aerobowych**

Ćwiczenia aerobowe to aktywność, która sprawia, że serce bije szybciej i utrudnia oddychanie. Należy dążyć do wykonywania ćwiczeń aerobowych przez 30 minut dziennie przez większość dni w tygodniu. Nie musisz wykonywać wszystkich czynności w tym samym czasie. Możesz podzielić te minuty na kilka razy w ciągu dnia.

Aby jak najlepiej wykorzystać swoją aktywność, należy ćwiczyć na poziomie od umiarkowanego do energicznego. Spróbuj

- energiczne spacery lub wędrówki
- wchodzenie po schodach
- pływanie lub klasa wodno-aerobikowa
- Taniec
- jazda na rowerze lub rowerze stacjonarnym
- biorąc udział w zajęciach z ćwiczeń
- grając w koszykówkę, tenisa lub inne sporty

Porozmawiaj ze swoim zespołem opieki zdrowotnej o tym, jak rozgrzać się i ochłodzić przed i po ćwiczeniach.

Trening siłowy w celu budowy mięśni

Trening siłowy jest lekkim lub umiarkowanym wysiłkiem fizycznym, który buduje mięśnie i pomaga zachować zdrowie kości. Trening siłowy jest ważny zarówno dla mężczyzn, jak i dla kobiet. Kiedy masz więcej mięśni i mniej tkanki tłuszczowej, spalisz więcej kalorii. Spalanie większej ilości kalorii może pomóc w utracie i utrzymaniu dodatkowej wagi.

Trening siłowy można wykonywać za pomocą ciężarków ręcznych, opasek elastycznych lub ciężarków maszynowych. Staraj się trenować siłę dwa do trzech razy w tygodniu. Zacznij od lekkiej wagi. Powoli zwiększajcie swoje ciężary w miarę jak wasze mięśnie stają się silniejsze.

Trening siłowy można wykonywać za pomocą ciężarków ręcznych, opasek elastycznych lub ciężarków maszynowych.

Wykonuj ćwiczenia rozciągające

Ćwiczenia rozciągające są lekkim lub umiarkowanym wysiłkiem fizycznym. Podczas rozciągania zwiększasz swoją elastyczność, zmniejszasz stres i pomagasz zapobiegać bólom mięśni.

Możesz wybierać spośród wielu rodzajów ćwiczeń rozciągających. Joga jest rodzajem rozciągania, które koncentruje się na oddychaniu i pomaga się zrelaksować. Nawet jeśli masz problemy z poruszaniem się lub balansowaniem, niektóre rodzaje jogi mogą pomóc. Na przykład, joga na krześle rozciąga się, co można zrobić siedząc na krześle lub trzymając się krzesła w pozycji stojącej. Twój zespół opieki zdrowotnej może zasugerować, czy joga jest odpowiednia dla Ciebie.

**Ciąża, jeśli masz cukrzycę**

Jeśli masz cukrzycę i planujesz urodzić dziecko, przed zajściem w ciążę postaraj się, aby poziom glukozy we krwi był zbliżony do docelowego poziomu.

Ważny jest również pobyt w docelowym przedziale czasowym podczas ciąży, który może być inny niż w przypadku, gdy nie jesteś w ciąży. Wysoki poziom glukozy we krwi, zwany również cukrem we krwi, może zaszkodzić dziecku w pierwszych tygodniach ciąży, nawet zanim się zorientujesz, że jesteś w ciąży. Jeśli masz cukrzycę i jesteś już w ciąży, jak najszybciej skontaktuj się z lekarzem, aby opracować plan leczenia cukrzycy. Praca z zespołem opieki zdrowotnej i przestrzeganie planu leczenia cukrzycy może pomóc w zajściu w zdrową ciążę i zdrowym dziecku.

Zanim zajdziesz w ciążę, zaplanuj zarządzanie poziomem glukozy we krwi.

Jeśli cukrzyca rozwija się u Ciebie po raz pierwszy w czasie ciąży, masz cukrzycę ciążową.

**Jak cukrzyca może wpłynąć na moje dziecko?**

Organy dziecka, takie jak mózg, serce, nerki i płuca, zaczynają się tworzyć w ciągu pierwszych 8 tygodni ciąży. Wysoki poziom glukozy we krwi może być szkodliwy w tym wczesnym stadium i może zwiększyć szanse, że dziecko będzie miało wady wrodzone, takie jak wady serca lub wady mózgu czy kręgosłupa.

Wysoki poziom glukozy we krwi podczas ciąży może również zwiększyć szansę, że Twoje dziecko urodzi się za wcześnie, za dużo waży lub ma problemy z oddychaniem lub niską glikemię zaraz po porodzie.

Wysoki poziom glukozy we krwi może również zwiększyć szansę na poronienie lub urodzenie martwego dziecka. Martwy poród oznacza, że dziecko umiera w łonie matki w drugiej połowie ciąży.

**Jak moja cukrzyca może wpływać na mnie w czasie ciąży?**

Zmiany hormonalne i inne zmiany w organizmie podczas ciąży wpływają na poziom glukozy we krwi, dlatego może być konieczna zmiana sposobu radzenia sobie z cukrzycą. Nawet jeśli masz cukrzycę od lat, być może będziesz musiał zmienić swój plan posiłków, rutynową aktywność fizyczną i leki. W przypadku przyjmowania doustnego leku na cukrzycę może być konieczne przejście na insulinę. W miarę zbliżania się do terminu, plan zarządzania może się ponownie zmienić.

**Jakie problemy zdrowotne mogę mieć w czasie ciąży z powodu cukrzycy?**

Ciąża może pogorszyć niektóre długotrwałe problemy z cukrzycą, takie jak problemy z oczami i chorobami nerek, zwłaszcza jeśli poziom glukozy we krwi jest zbyt wysoki.

Masz również większe szanse na wystąpienie stanu przedrzucawkowego, nazywanego czasem toksemią, czyli gdy w drugiej połowie ciąży rozwiniesz wysokie ciśnienie krwi i zbyt dużo białka w moczu. Stan przedrzucawkowy może powodować poważne lub zagrażające życiu problemy dla Ciebie i Twojego dziecka. Jedynym lekarstwem na stan przedrzucawkowy jest poród. Jeśli masz stan przedrzucawkowy i osiągnąłeś 37 tygodni ciąży, Twój lekarz może chcieć urodzić dziecko wcześnie. Przed 37 tygodniem Ty i Twój lekarz możecie rozważyć inne opcje, aby pomóc Twojemu dziecku rozwijać się tak bardzo, jak to możliwe przed jego urodzeniem.

**Jak mogę przygotować się do ciąży, jeśli mam cukrzycę?**

Jeśli masz cukrzycę, utrzymanie poziomu glukozy we krwi na poziomie jak najbardziej zbliżonym do normalnego przed i podczas ciąży jest ważne dla zachowania zdrowia i posiadania zdrowego dziecka. Wykonywanie badań kontrolnych przed i w trakcie ciąży, przestrzeganie planu posiłków przeciwcukrzycowych, aktywność fizyczna zgodnie z zaleceniami zespołu opieki zdrowotnej oraz przyjmowanie leków przeciwcukrzycowych, jeśli potrzebujesz pomocy w radzeniu sobie z cukrzycą. Rzucenie palenia i przyjmowanie witamin zgodnie z zaleceniami lekarza może również pomóc Tobie i Twojemu dziecku zachować zdrowie.

**Współpracuj z zespołem opieki zdrowotnej**

Regularne wizyty z członkami zespołu opieki zdrowotnej, którzy są ekspertami w dziedzinie cukrzycy i ciąży, zapewnią Tobie i Twojemu dziecku najlepszą opiekę. W skład Twojego zespołu opieki zdrowotnej mogą wchodzić

- lekarza specjalizującego się w leczeniu cukrzycy, np. endokrynologa lub diabetologa
- położnik z doświadczeniem w leczeniu kobiet z cukrzycą
- edukator cukrzycy, który może pomóc ci poradzić sobie z cukrzycą
- pielęgniarkę, która zapewnia opiekę prenatalną w czasie ciąży

- zarejestrowany dietetyk, który pomaga w planowaniu posiłków
- specjaliści, którzy diagnozują i leczą problemy związane z cukrzycą, takie jak problemy ze wzrokiem, choroby nerek i serca
- pracownika socjalnego lub psychologa, który pomoże Ci poradzić sobie ze stresem, obawami i dodatkowymi wymaganiami związanymi z ciążą

Jesteś najważniejszym członkiem zespołu. Twój zespół opieki zdrowotnej może udzielić Ci fachowej porady, ale to Ty musisz codziennie radzić sobie z cukrzycą.

Porozmawiaj ze swoim zespołem opieki zdrowotnej, zanim zajdziesz w ciążę.

**Zróbcie badanie kontrolne**

Przed zajściem w ciążę lub jak tylko się dowiesz, że jesteś w ciąży, zrób pełne badanie kontrolne. Twój lekarz powinien sprawdzić, czy

- wysokie ciśnienie krwi
- choroba oczu
- choroby serca i naczyń krwionośnych
- uszkodzenie nerwów
- choroba nerek
- choroba tarczycy

Ciąża może pogorszyć niektóre problemy zdrowotne związane z cukrzycą. Aby temu zapobiec, zespół opieki zdrowotnej może zalecić dostosowanie leczenia przed zajściem w ciążę.

## Nie palić

Palenie może zwiększyć Twoje szanse na urodzenie dziecka martwego lub urodzenie dziecka za wcześnie. Palenie jest szczególnie szkodliwe dla osób z cukrzycą. Palenie może zwiększać problemy zdrowotne związane z cukrzycą, takie jak choroby oczu, serca i nerek.

Jeśli palisz lub używasz innych wyrobów tytoniowych, przestań. Poproś o pomoc, żebyś nie musiał robić tego sam. Możesz zacząć od zadzwonienia na krajową linię quitline pod 1-800-QUITNOW lub 1-800-784-8669. Po wskazówki dotyczące rzucania palenia, przejdź do Smokefree.gov .

## Zob. zarejestrowany dietetyk

Jeśli nie widzisz jeszcze dietetyka, powinieneś zacząć go widzieć zanim zajdziesz w ciążę. Twój dietetyk może pomóc Ci dowiedzieć się, co jeść, ile jeść i kiedy jeść, aby osiągnąć lub utrzymać zdrową wagę przed zajściem w ciążę. Wspólnie z dietetykiem stworzycie plan posiłków dostosowany do waszych potrzeb, harmonogramu, preferencji żywieniowych, warunków medycznych, leków i rutyny aktywności fizycznej.

W czasie ciąży niektóre kobiety muszą dokonać zmian w swoim planie posiłków, takich jak dodanie dodatkowych kalorii, białka i innych składników odżywczych. Podczas ciąży będziesz musiała widywać się z dietetykiem co kilka miesięcy, ponieważ zmieniają się Twoje potrzeby żywieniowe.

## Bądź aktywny fizycznie

Aktywność fizyczna może pomóc w osiągnięciu docelowych poziomów glukozy we krwi. Aktywność fizyczna może również pomóc w utrzymaniu zdrowego ciśnienia krwi i poziomu cholesterolu, zmniejszyć stres, wzmocnić serce i kości, poprawić siłę mięśni i utrzymać stawy elastyczne.

Zanim zajdziesz w ciążę, zrób z aktywności fizycznej regularną część swojego życia. Wyceluj na 30 minut aktywności 5 dni w tygodniu.

Porozmawiaj ze swoim zespołem opieki zdrowotnej o tym, jakie działania są dla Ciebie najlepsze w czasie ciąży.

Aktywność fizyczna może pomóc w osiągnięciu docelowych poziomów glukozy we krwi.

Przeczytaj wskazówki, jak lepiej jeść i być bardziej aktywną w czasie ciąży i po urodzeniu dziecka.

**Unikaj alkoholu**

Powinieneś unikać picia napojów alkoholowych podczas prób zajścia w ciążę i przez cały okres ciąży. Kiedy pijesz, alkohol wpływa również na twoje dziecko. Alkohol może prowadzić do poważnych, długotrwałych problemów zdrowotnych Twojego dziecka.

**Dostosuj swoje leki**

Niektóre leki nie są bezpieczne w czasie ciąży i należy zaprzestać ich przyjmowania przed zajściem w ciążę. Powiedz swojemu lekarzowi o wszystkich przyjmowanych lekach, takich jak te na wysoki poziom cholesterolu i wysokie ciśnienie krwi. Lekarz może powiedzieć Ci, które leki należy przerwać przyjmowanie i może przepisać inny lek, który jest bezpieczny do stosowania w czasie ciąży.

Lekarze najczęściej przepisują insulinę zarówno dla cukrzycy typu 1 jak i typu 2 w czasie ciąży. [3] Jeśli już bierzesz insulinę, może być konieczna zmiana jej rodzaju, ilości lub sposobu i czasu przyjmowania. W pierwszym trymestrze możesz potrzebować mniej insuliny, ale prawdopodobnie będziesz potrzebować jej więcej, gdy zajdziesz w ciążę. Twoje zapotrzebowanie na insulinę może się podwoić, a nawet potroić, gdy zbliżysz się do terminu płatności. Twój zespół opieki zdrowotnej będzie współpracował z Tobą w celu stworzenia rutyny insulinowej, aby sprostać Twoim zmieniającym się potrzebom.

## Przyjmowanie witamin i suplementów mineralnych

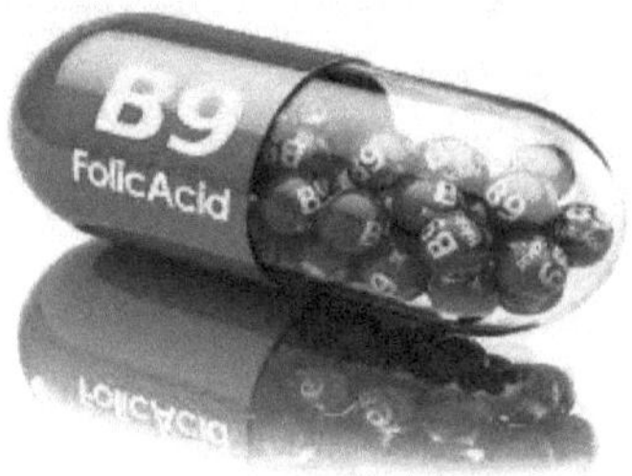


Kwas foliowy jest dla Ciebie ważną witaminą, którą możesz przyjmować przed i w trakcie ciąży, aby chronić zdrowie Twojego dziecka. Musisz zacząć brać kwas foliowy co najmniej na miesiąc przed zajściem w ciążę. Należy wziąć multiwitaminę lub suplement, który zawiera co najmniej 400 mikrogramów (mcg) kwasu foliowego. Kiedy zajdziesz w ciążę, powinnaś brać 600 mcg dziennie. Zapytaj swojego lekarza, czy powinieneś przyjmować inne witaminy lub składniki mineralne, takie jak żelazo lub suplementy wapnia, czy też multiwitaminę.

## Co muszę wiedzieć o badaniach glikemii przed i w trakcie ciąży?

Jak często sprawdzasz swój poziom glukozy we krwi może się zmieniać w czasie ciąży. Być może będziesz musiał sprawdzać je częściej niż teraz. Jeśli nie musiałaś sprawdzać poziomu glukozy we krwi przed ciążą, prawdopodobnie będziesz musiała zacząć. Zapytaj swój zespół medyczny, jak często i w jakich godzinach należy sprawdzać poziom glukozy we krwi. Twoje cele dotyczące poziomu glukozy we krwi ulegną zmianie podczas ciąży. Twój zespół opieki zdrowotnej może również chcieć, abyś sprawdził swój poziom ketonu, jeśli poziom glukozy we krwi jest zbyt wysoki.

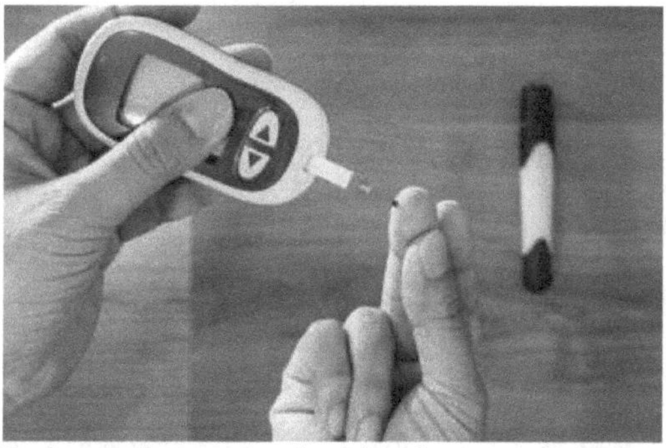

Podczas ciąży może być konieczne częstsze sprawdzanie poziomu glukozy we krwi.

**Docelowy poziom glukozy we krwi przed ciążą**

Kiedy planujesz zajść w ciążę, Twoje dzienne cele dotyczące poziomu glukozy we krwi mogą się różnić od poprzednich. Zapytaj swój zespół medyczny, które cele są dla Ciebie odpowiednie.

Możesz śledzić swój poziom glukozy we krwi za pomocą Mojego Dziennego Rejestru Glukozy we krwi. Można również użyć elektronicznego systemu śledzenia poziomu glukozy we krwi na komputerze lub urządzeniu przenośnym. Zapisuj wyniki za każdym razem, gdy sprawdzasz poziom glukozy we krwi. Dokumentacja dotycząca poziomu glukozy we krwi może pomóc tobie i twojemu zespołowi medycznemu zdecydować, czy twój plan leczenia cukrzycy działa. Możesz też robić notatki na temat swojej insuliny i ketonów. Zabierz ze sobą tracker, gdy odwiedzasz zespół opieki zdrowotnej.

**Docelowy poziom glukozy we krwi podczas ciąży**

Zalecane dzienne docelowe wartości stężenia glukozy we krwi dla większości kobiet w ciąży chorych na cukrzycę to

- Przed posiłkami, przed snem i na noc: 90 lub mniej
- 1 godzina po jedzeniu: 130 do 140 lub mniej
- 2 godziny po jedzeniu: 120 lub mniej3

Zapytaj swojego lekarza, jakie cele są dla ciebie właściwe. Jeśli masz cukrzycę typu 1, Twoje cele mogą być wyższe, więc nie rozwiniesz niskiego poziomu glukozy we krwi, zwanego również hipoglikemią.

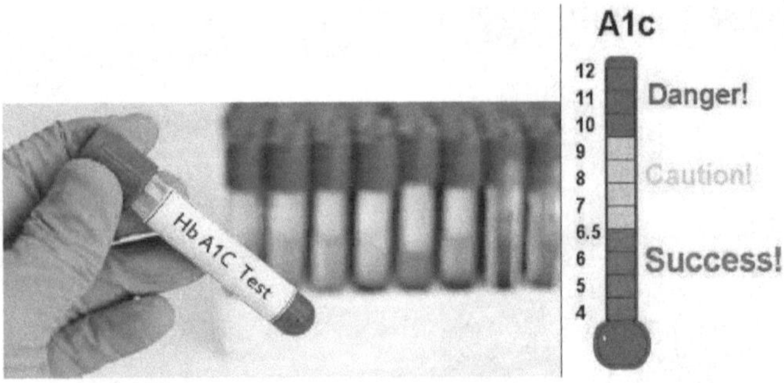


**Numery A1C**

Innym sposobem na sprawdzenie, czy spełniasz swoje cele, jest badanie krwi A1C. Wyniki testu A1C odzwierciedlają średni poziom glukozy we krwi w ciągu ostatnich 3 miesięcy. Większość kobiet z cukrzycą przed zajściem w ciążę powinna dążyć do osiągnięcia jak najbardziej zbliżonej do normy wartości A1C - a nawet poniżej 6,5 procent. Po pierwszych 3 miesiącach ciąży, Twój cel może wynosić zaledwie 6 procent. Te cele mogą być inne niż cele A1C, które miałeś w przeszłości. Twój lekarz może pomóc Ci ustalić cele A1C, które są dla Ciebie najlepsze.

**Poziomy ketonów**

Gdy poziom glukozy we krwi jest zbyt wysoki lub gdy nie jesz wystarczająco dużo, Twój organizm może wytwarzać ketony. Ketony w moczu lub krwi oznaczają, że organizm zużywa tłuszcz na energię zamiast glukozy. Spalanie dużych ilości tłuszczu zamiast glukozy może być szkodliwe dla zdrowia twojego i dziecka.

Można zapobiec poważnym problemom zdrowotnym, sprawdzając, czy nie występują ketony. Lekarz może zalecić codzienne badanie moczu lub krwi na obecność ketonów lub gdy poziom glukozy we krwi przekracza pewien poziom, np. 200. Jeśli używasz pompy insulinowej, lekarz może zalecić badanie na obecność ketonów, gdy poziom glukozy we krwi jest wyższy niż oczekiwany. Twój zespół opieki zdrowotnej może nauczyć Cię, jak i kiedy należy badać mocz lub krew na obecność ketonów.

Porozmawiaj ze swoim lekarzem o tym, co zrobić, jeśli masz ketony. Lekarz może sugerować zmiany w ilości przyjmowanej insuliny lub przy jej przyjmowaniu. Lekarz może również zalecić zmianę posiłków lub przekąsek w przypadku konieczności spożycia większej ilości węglowodanów.

**Referencje**

1] U.S. Department of Health and Human Services, Office of Disease Prevention and Health Promotion. Wytyczne dotyczące aktywności fizycznej dla Amerykanów, wydanie 2. Washington, DC: U.S. Department of Health and Human Services; 2018. https://health.gov/paguidelines/second-edition/ . Aktualizacja 14 stycznia 2019 r. Dostęp uzyskano 14 stycznia 2019 roku.

[2] Samaneh Pishdad, profesor żywienia, Zdrowe odżywianie z książką sałatek, 2018

[3] L. Kathleen Mahan, MS, RD, CDE i Janice L Raymond, MS, RD, CDKrause's Food & the Nutrition Care Process, 14th Edition,2018

[4] L. Kathleen Mahan MS RD CDE , Janice L Raymond MS RD CD, Sylvia Escott-Stump MA RD LDN . Krause's Food & the Nutrition Care Process 13th Edition,2017

American Diabetes Association. Podstawy opieki i kompleksowej oceny medycznej. Pielęgnacja cukrzycy. 2016;39(zastępuje 1):S26 (tabela 3.3).

[6] Krajowe Instytuty Zdrowia, Biuro Suplementów Diety. Suplementy diety:whatyouneedtoknow.
ods.od.nih.gov/HealthInformation/DS_WhatYouNeedToKnow.aspx . Recenzja z 17 czerwca 2011 r. Dostępny od 21 czerwca 2016 roku.

[7] Colberg SR, Sigal RJ, Yardley JE, et al. Aktywność fizyczna/ćwiczenia fizyczne i cukrzyca: stanowisko Amerykańskiego Stowarzyszenia Cukrzycowego. Pielęgnacja cukrzycy. 2016;39(11):2065–2079.

American Diabetes Association. Powikłania mikronaczyniowe i pielęgnacja stóp. Pielęgnacja cukrzycy. 2016;39(Suppl. 1):S78.

[9] Diabetes Prevention Program Research Group. Długoterminowy wpływ interwencji stylu życia lub metforminy na rozwój cukrzycy i powikłań mikronaczyniowych w ciągu 15 lat obserwacji: badanie wyników programu profilaktyki cukrzycy. The Lancet Diabetes & Endocrinology. 2015;3(11):866–875.

[10] Yardley JE, Sigal RJ. Opracowanie strategii zapobiegania hipoglikemii u osób chorych na cukrzycę typu 1. Widmo cukrzycy. 2015;28(1):32–38.

[11] Dr Mohsen Maddah, dietetyk członek Amerykańskiego Towarzystwa Badań nad Otyłością, Żywienie i książka o cukrzycy, 2010

## Spis treści

FSC
www.fsc.org
MIX
Papier | Fördert gute Waldnutzung
FSC® C083411

Kolibri 360 GmbH
Ferdinand-Jühlke-Straße 7
99095 Erfurt, Deutschland
produktsicherheit@kolibri360.de

Druck:
CPI Druckdienstleistungen GmbH
im Auftrag der
Kolibri 360 GmbH
Ferdinand-Jühlke-Str. 7
99095 Erfurt